COFFEE
FIRST
TEXT
BOOK

espresso / latte / cappuccino /
macchiato / mocha ,
The class to make the best coffee at home

手沖咖啡哲學

瑞昇文化

前言

將這本書帶回家的各位，很高興認識你們。

我是第15屆世界咖啡師大賽（WBC）的冠軍井崎英典。我於2014年世界咖啡師大賽中榮獲世界冠軍，而且是首位贏得WBC冠軍的亞洲人，自優勝以來，我一年約有200多天待在國外努力打拼，腳踏實地參與許許多多咖啡相關的專業諮詢與宣導活動。

而隨著新冠肺炎疫情擴大，許多人不得不宅在家防疫，這也使得咖啡愈來愈受到眾人關注。根據全日本咖啡協會的「咖啡需求動向基本調查」，自從新冠肺炎疫情擴大以來，一般咖啡的銷售量大幅成長，另外也因為受到在家工作的影響，享用咖啡的場所多半以家裡為主。

咖啡的芳香與濃醇就不用多說，但「沖煮咖啡的行為」本身就是一種有意識的正念鍛鍊，對身心放鬆有非常大的幫

助，因此大家對咖啡的需求才會日趨增加。

另一方面，確實也有人覺得沖煮咖啡「有點困難」，也有不少人對「沖煮咖啡好像很難」、「該怎麼採買器具才好」、「不曉得該怎麼挑選咖啡豆」感到苦惱。

因此，本書基於**「降低甚至克服沖煮咖啡的難關」**的這種概念，針對嚮往「享受咖啡帶來的溫暖豐富生活」卻不知道該從哪裡著手的初學者，以最淺顯易懂的方式說明咖啡的基本知識。

希望大家透過美好的咖啡時光讓自己打從心底好好放鬆。我將自己這個小小心願寫在這本書中，無論為自己，還是為所愛的人沖煮咖啡，都讓我們透過這本書的咖啡世界好好用「心」休息。

目錄

CONTENTS

第2節課
在家享受！沖煮咖啡的基本方法和種類 …… 063

CONTENTS

CONTENTS

本書使用方法

即使對咖啡一無所知，也可以透過這本書從零開始輕鬆學習。大家可以依照章節順序從頭開始閱讀，也可以從自己感興趣的章節開始。先請大家從自己喜歡的那一頁隨意翻閱吧。

基本頁

解說咖啡沖煮方法和相關知識。

方框內為特別重要的知識和訊息。

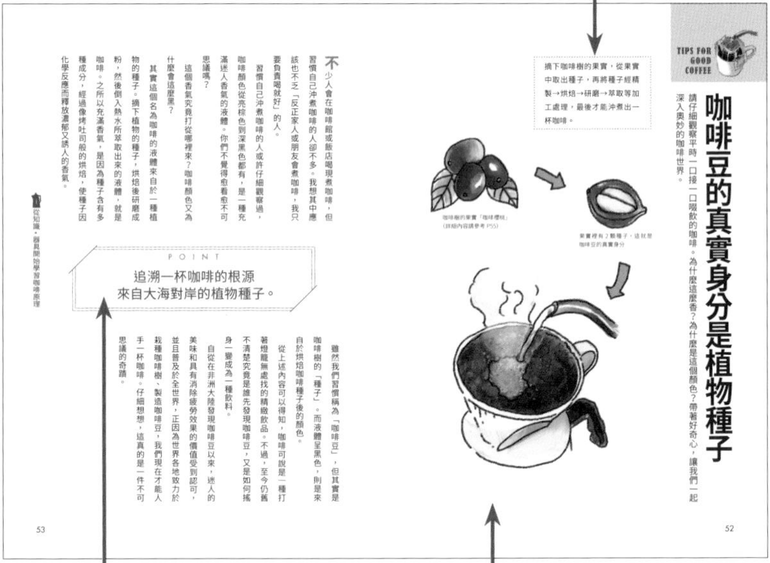

每一頁的簡單歸納重點。

幫助加深理解的解說插圖。

咖啡豆圖鑑

列舉筆者平時關注的10個咖啡豆生產國。搭配平易近人的角色人物共同以活潑快樂的方式為大家介紹咖啡豆的味道特色！

以10個生產國與咖啡豆為參考藍圖所設計的角色人物。

生產國的咖啡豆特色。

每一頁的簡單歸納重點。

該生產國的咖啡豆基本資料。

專欄

收錄一些幫助咖啡生活更快樂的相關話題。諸如咖啡因、超商咖啡等等，從咖啡基本知識到咖啡業界最新趨勢應有盡有。

登場角色人物介紹

【指導者】
井崎英典

第15屆世界咖啡師大賽冠軍。目前從事企業商品開發、咖啡相關諮詢顧問等工作。熟悉世界咖啡大小事，喜歡咖啡，從苦味的濃縮咖啡到甜味的一般咖啡都來者不拒，還喜歡各式各樣的甜點。

【學生】
寶田島美

都內某企業的一般職員。新冠肺炎疫情擴大之前，最喜歡在咖啡館裡喝咖啡看書，但近來開始想要嘗試自己沖煮咖啡。嚮往用心過生活，但個性卻有些懶散。

熟悉各國咖啡豆的
可愛角色人物

小巴西

小哥倫比亞

小衣索比亞

小薩爾瓦多

小哥斯大黎加

小巴拿馬

小厄瓜多

小肯亞

小印度尼西亞

小越南

- 本書記錄的分量（咖啡粉和熱水）為參考基準，請大家視個人喜好自行調整。
- 萃取程度和味道因咖啡品種、保存狀態、沖煮器具等而有所不同。請視情況調整至自己最喜歡的味道。
- 特調創意咖啡的食譜經過調整以符合當地人口味。
- 本書收錄的內容為2021年10月前蒐集的資料。

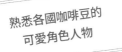

漫畫　咖啡因新冠肺炎疫情而人氣飆升！

市售的咖啡也不錯，
但總覺得有專人沖煮的咖啡比較溫暖。
如果能自己沖煮一杯，肯定更加美味。
好！買本**書**來**練習**，
學著**自己煮**咖啡！
Book Store
哇啊！咖啡相關**書籍**竟然有這麼多。
好像需要各式各樣的器具，看起來好困難。
沒有問題的！

不用想得太困難！
也不需要什麼專業器具！
啊，你哪位？
讓我來幫妳降低沖煮咖啡的……
不，讓我幫你克服沖煮咖啡的難關！
WORLD BARISTA
我是第15屆世界咖啡師大賽冠軍！
世界第一的咖啡師…
好可怕！
誰でも簡単コーヒー入門
沖煮咖啡比妳想像中還要簡單許多。
先來煮一杯喝喝看吧？
任何人都能輕鬆煮
咖啡入門

不需要任何專業器具…？
感覺難關一口氣降低了不少！
沖煮咖啡時需要的東西
什麼都不需要！
丟~
那個…還是需要咖啡豆啦。
父親曾經經營一家咖啡豆專門店，
從懂事以來，一直和美味的咖啡一起長大成人。
雖然身為咖啡界的純種馬，
但我想要更自由、更快樂地徜徉在這個世界。
王子？
只要買了咖啡粉，無須專業器具也能沖煮出一杯美味的咖啡。
哇啊——！
滴濾式咖啡

新冠肺炎的關係，家庭咖啡市場因禍得福

咖啡讓人更享受宅在家的時光

「居家咖啡」的關注度急速飆升

漫長的新冠肺炎疫情造成許多人不得不減少外食次數，增加宅在家的時間。人們的日常生活產生巨大改變，咖啡業界也因為型態瞬間驟變而受到波及。

綜觀全球市場，2019年~2020年度的咖啡消費量增加，但生產量卻比上個年度減少。出口量有所成長，但那是一種用於製作**即溶咖啡**的「**羅布斯塔**（Robusta coffee）」品種。這種品種不僅抗病蟲害能力強，又能穩定收穫，因此常用於製作即溶咖啡。這種咖啡品種的消費量增加，極可能是因為人們宅在家的時間增加所致。

而日本也因為「自律減少外出」政策的影響，家庭咖啡市場似乎有逐漸成長的趨勢。「對咖啡不挑剔，但習慣到咖啡館喝咖啡」的人大幅增加了在家喝咖啡的次數。

即溶咖啡
將咖啡萃取液進行脫水加工，製作成粉末。使用者只需要注入熱水或冷水，粉末溶於水後就能輕鬆享用咖啡。這就是即溶咖啡。

羅布斯塔（Robusta coffee）
抗病蟲害能力強，收穫量多的咖啡品種。屬於三大咖啡原生種之一的中果咖啡，但也有人認為中果咖啡其實就是羅布斯塔咖啡。

一杯咖啡撫慰療癒內心的體驗

為了防堵新冠肺炎疫情的擴大，日本政府發布緊急事態宣言，就在這個時間點之後的2020年4月，我進行了一項名為「Cloud Coffee #BrewHome」的企劃。

「BrewHome」的「Brew」是指「沖煮咖啡」的意思。為期2個月左右的時間，參加者在線上聚會，分享每一天在家沖煮咖啡，喝咖啡的點滴心得。

在疫情不斷升溫，未來一片迷惘的狀況下，經由這個活動，我真的深切感受到咖啡撫慰療癒了那些感到不安與孤獨的人們。

在這個活動的影響下，不少咖啡館和咖啡連鎖店開始絞盡腦汁，針對想在家裡享受咖啡的一般使用者，推出各式各樣的家用咖啡產品。因為這樣的緣故，將咖啡粉裝入濾袋中並個別包裝，而且只需要注入熱水即可享用的「**滴濾式咖啡**」愈來愈搶手。

另一方面，「搭配咖啡的食物」也同時受到不少關注，食品製造商基於「搭配咖啡一起享用」的概念開發出許多和咖啡最對味的食物或

滴濾式咖啡（濾掛式）
將一杯分量的咖啡粉裝入濾袋中的個別包裝商品。只要將濾袋掛在杯子上，再倒入熱水沖煮，即可享受模擬手沖咖啡的美味。

點心，包羅萬象的新商機因應而生。

家庭咖啡邁入新的階段，享用方式也變得豐富起來。

從現在開始來一杯能持續一輩子的咖啡

即溶咖啡、滴濾式咖啡等便利商品受到矚目的同時，「想要親手沖煮一杯美味咖啡」的人也逐漸增加。

「想要自己研磨咖啡豆，自己煮咖啡」、「想要買喜歡的咖啡豆，依個人喜好沖煮咖啡」的種種聲音讓我體會到「咖啡是用心生活的一種象徵」。

剛接觸到咖啡器具或萃取咖啡液等各種相關資訊時，難免會感到「好像很困難」，但只要打造出「自己覺得好喝」的咖啡味道，就算成功達成目標。

即便是專家，也必須執行從挑選咖啡豆到萃取咖啡等這一連串動作，但無論如何，不需要將事情複雜化、困難化，咖啡世界或許深奧，但終究只是一種個人愛好。何不試著放輕鬆，按照自己的步調沖杯咖啡、喝杯咖啡，再隨著自己的喜好慢慢磨練沖煮技術。

獨特且愉快的日本飲料文化

日本是亞洲數一數二的**咖啡消費國**，在全世界也是榜上有名。若說到日本的傳統飲品，當然非綠茶或焙茶莫屬，但咖啡也是足以取代茶類的重要存在。

找間咖啡館，點杯咖啡談公事；公司裡備有一台全自動咖啡機，休息時喝杯咖啡好好放鬆。舉凡約會、討論難解問題，甚至談分手，咖啡館和咖啡對我們的生活和人生都是不可或缺的重要存在。

有趣的日本咖啡熱潮

在昭和時代以前，「咖啡館」多半帶有一絲淡淡的頹廢形象，因此女性單獨一人上門的情況並不多見。

而且當時的咖啡館還有服務生到座位上提供點餐送餐的服務，但慢慢的市中心開始有自己到櫃臺點餐的「自助服務」咖啡館，而且隨著店家數量的增加，咖啡館變得更加平易近人。

咖啡消費國

依全球每人每年平均咖啡消費量排名。

日本	3.64kg
美國	4.84kg
歐洲	4.96kg
巴西	6.25kg
瑞士	6.33kg
挪威	8.83kg

不久之後，發源自美國西雅圖的「星巴克咖啡」等開始進軍日本，並進一步興起追求產地和沖煮方式的「**精品咖啡**」、追求單一咖啡豆品種的「單品咖啡」等各式各樣的咖啡熱潮。

隨著新冠肺炎疫情的不斷蔓延，愈來愈多人冀望尋求心靈的安定。在現今難以與社會產生連結的情況下，何不嘗試將咖啡培養成一種嗜好。不斷探索沖煮方式，久而久之也會變成一輩子的興趣，更可以透過使用各種甜味劑和牛奶來打造專屬於自己的創意特調。享受樂趣的方法全操之在你自己手上。

精品咖啡

精品咖啡是指從咖啡豆產地到加工處理、萃取等環節都非常講究之下所造就的咖啡，必須通過國際級的評鑑基準。咖啡豆多半出自單一莊園、單一品牌。

單品咖啡

只使用單一產地的咖啡豆稱為單品咖啡。另外也指使用限定、單一品種咖啡樹所收穫的咖啡豆。

朝　會

透過角色人物
認識咖啡豆

全球咖啡豆的生產地

可愛的角色人物帶領大家認識各種味道

相信全世界的人對咖啡都不陌生，但關於咖啡的起源和發祥地眾說紛紜。其中有名的是**「衣索比亞說」**和**「葉門說」**。

根據「衣索比亞說」的說法，發現咖啡豆的是一名叫做柯迪(Kaldi或Khalid)的牧羊人（山羊或綿羊）。有一天他在衣索比亞高地牧羊時，發現飼養的羊因吃了一種紅色果實而變得異常活潑好動。他將果實分送給修道士並於試吃後發現整個人變得格外神清氣爽，進而了解到這種果實的功效。

而根據「葉門說」的說法，第一個發現咖啡豆的是一名叫做奧馬爾的伊斯蘭教神職人員。奧馬爾因違反道德規範而遭到流放，正苦於沒有糧食的時候，美麗的鳥引領他找到一些果實。他將果實煮沸飲用，頓時恢復了原有的體力與精力，精神也隨之振奮起來。

大家看出端倪了嗎？這兩個人所發現的「果實」就是我們大家熟悉的咖啡豆。

衣索比亞
衣索比亞位於非洲東北部，是非洲最早的獨立國。首都是阿迪斯阿貝巴。

葉門
位於阿拉伯半島南部的國家。正式名稱為葉門共和國，首都是薩那。信奉伊斯蘭教。

生產國多位於赤道周圍的咖啡帶上

雖然上述內容是傳說，但衣索比亞的確是農作物咖啡樹的發祥地。衣索比亞仍留有咖啡相關的傳統儀式和獨特飲用咖啡的習慣，讓人深刻感受到歷史的深度。

咖啡樹的栽培從衣索比亞傳播至世界各地，但最主要的栽培地還是以赤道為中心的南北迴歸線之間的地區。由於這個地區正好形成細長帶狀，因此被稱為「**咖啡帶**」（P28）。有許多國家位於咖啡帶裡，但即便同一個國家，氣候、標高、日照量、雨量等都可能因區域而有所不同，因此能夠生產出多樣化的咖啡豆。

雖然難以斷定「〇〇（國家）的咖啡酸味比較強烈」，但大家還是可以記住每個生產國的咖啡味道特徵，以作為挑選咖啡豆的指標。

咖啡豆生產國主要分布於南美洲的巴西和哥倫比亞、中美洲的巴拿馬和哥斯大黎加、非洲的衣索比亞，以及亞洲的印度尼西亞等。

咖啡帶

以赤道為中心，介於南北緯25度之間的環狀地帶。這個範圍內多為熱帶氣候，是咖啡樹的主要栽培區域。

大致了解味道特徵

◆南美咖啡豆的均衡味道最受日本人青睞。特別是均衡的甜味與酸味，風味清爽滑順。

◆中美咖啡豆的味道屬於水果系列。咖啡豆帶有成熟水果的獨特酸味，充滿濃郁果香風味。

◆非洲咖啡豆獨具個性，兼具果香與花香。充滿濃郁香氣與鮮明酸味。肯亞等國生產的咖啡豆更是獨具誘人的莓果香氣。

◆亞洲咖啡豆多為深度烘焙，尤其最具代表性的印度尼西亞，咖啡豆的味道更是強烈。最大特徵是醇厚、苦味、香氣協調的濃厚風味。近年來菲律賓等國家也陸續出現一些生產高品質咖啡豆的製造商。

1980年代以後，愈來愈多人重視咖啡栽培與市場流通的透明化，1987年一位美國女士娥娜·努森（Erna Knutsen）首次提出「精品咖啡」的概念。具有高品質、兼具**可追溯性**與永續性的咖啡

豆，才能稱為精品咖啡。而為了充分活用風味特性，目前精品咖啡都傾向於使用單品豆。

話雖如此，目前咖啡館或咖啡店販售的多半是**綜合咖啡**，並非「因販售精品咖啡或單品咖啡而有名」。業者和店家精心混合不同種類的咖啡豆，搭配出調性諧和、品質和價格都很穩定的綜合豆。掌握這些咖啡的大小事，再加上了解各個生產國的獨特咖啡豆味道，便能從咖啡豆包裝袋想像出大概是什麼樣的味道。

從下一頁開始，筆者將介紹一些希望大家能記起來的咖啡豆生產國，請多多關注強調各自特徵的角色人物。在咖啡館裡看到這些生產國名稱時，別忘了回想一下這些可愛的角色人物喔。挑選咖啡豆，沒有所謂的正確答案，最終目標就只是「開心地選擇自己所愛」。

可追溯性

「Traceability」這個單字指的是可循著軌跡追蹤・追溯整個流程。用在食品業中，意指可以追蹤食品在製作、處理、加工、流通、販售等各個階段的相關痕跡。這是精品咖啡市場經常使用的一句話。

綜合咖啡

以2種以上不同產地出產的咖啡豆所沖煮而成的咖啡。先決定基底咖啡豆，再混合數種不同產區，作為輔佐味道的咖啡豆，各店家通常都有各自的綜合豆配方。

生產地集中分布於咖啡帶上！

衣索比亞是咖啡豆的原生地，經伊斯蘭世界傳播至全球。咖啡豆生產國集中於赤道附近，這整個區域宛如腰帶般環繞地球一圈。

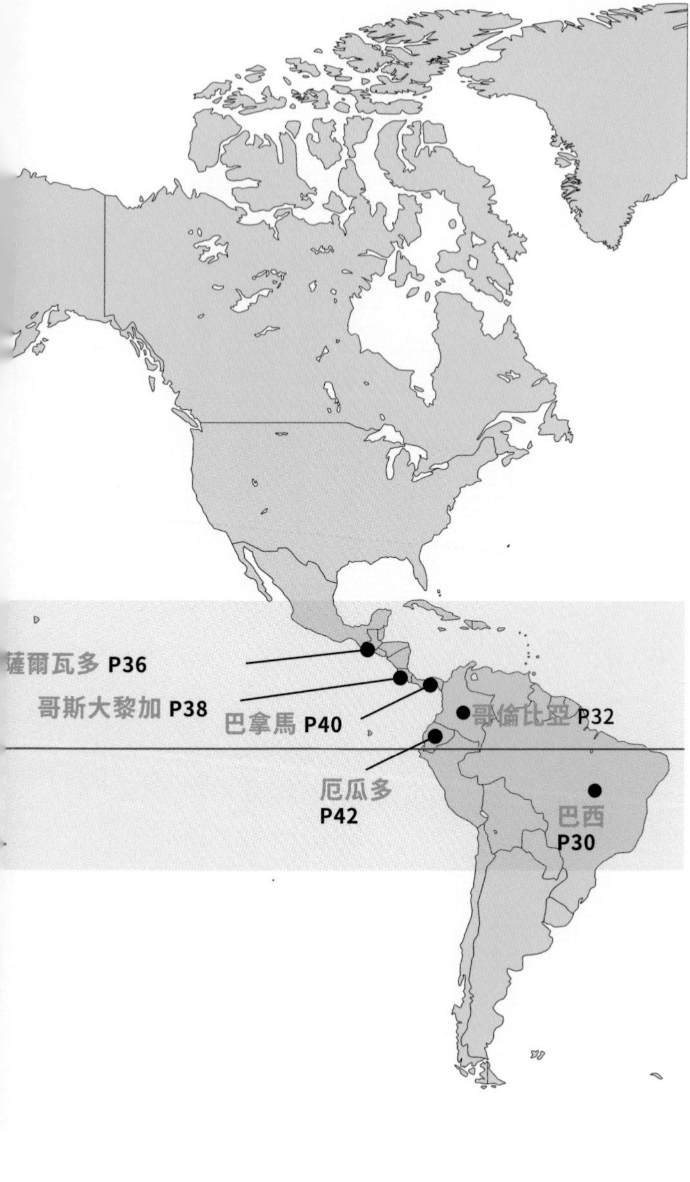

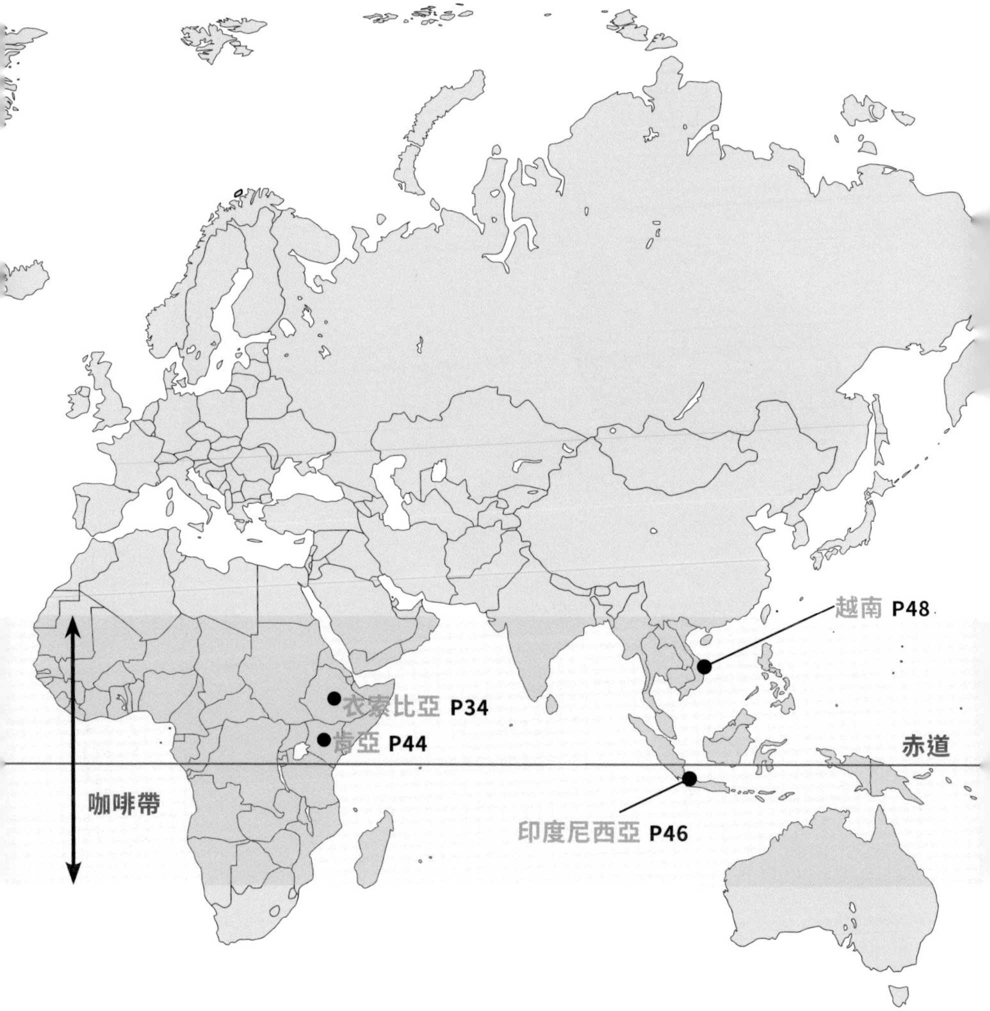

咖啡樹是熱帶植物，赤道附近是最佳生長地。尤其是以赤道為中心的南北緯約25度之間的環狀地帶，這個地帶稱為「咖啡帶（咖啡區）」。這個範圍大部分是熱帶氣候區，包含非洲中部、中南美洲和東南亞等等。但另外也有位於咖啡帶以外的國家生產品質優良，香氣與風味絲毫不遜色的咖啡豆。

「知名代表性生產國①」巴西

巴西的咖啡豆生產量是世界第一，約佔全球總生產量的三分之一。酸味溫和且香氣迷人，相當受到世人喜歡。現在就一起來探索巴西咖啡豆的美味所在吧。

容易入口的全能選手

【代表品種】蒙多諾沃（Mundo Novo）、黃波旁（Yellow Bourbon）

【味道特徵】質地圓潤，味道溫和且滑順

以日本的角度來看，巴西位在地球正中間，雖然距離遙遠，但自1908年起便有不少日本人移民巴西並在當地咖啡農園裡工作，因此巴西和日本有著極為密切的關係。

過去曾經有句俗語「銀座漫步（銀ブラ）」，意思是指到銀座閒逛，但這句話最初的起源是「到銀座喝杯巴西（ブラジル）咖啡」。由此可知，以咖啡生產國來說，巴西占有舉足輕重的地位。

也因為這樣的關係，150多年來巴西一直是全球產量最大的咖啡生產國，約占全世界咖啡生產量的三分之一。國土面積排名世界第五，正因為地大，氣候類型相對多樣化，各個咖啡生產區域各有各的特色。

其中不乏重視生產性的大規模生產商，也有追求「少量但高品質」的小規模生產商。

POINT

酸味弱且容易入口
每個人都喜歡的溫和系列。

致力於提升咖啡品質的巴西生產商舉辦了首屆名為「卓越杯（Cup of Excellence）」的咖啡評比大賽，從中選出卓越杯優勝咖啡，而現在每年輪流由不同國家舉辦。

基於這種種背景，「巴西咖啡豆」的味道、香氣和品質五花八門，應有盡有，雖然巴西咖啡豆的魅力無法一言以蔽之，但最大特色是「酸甜均衡的圓潤味道」。酸度較弱、收穫量穩定、價格合理，「全能選手」的稱號可說是實至名歸。巴西咖啡豆也經常作為綜合豆的基底味道。大家可以試著和酸味較為突出的哥倫比亞咖啡豆、充滿花香的非洲衣索比亞咖啡豆進行比較。

均衡和諧的酸味與甜味

「知名代表性生產國②」哥倫比亞

哥倫比亞生產的咖啡豆，酸味與甜味搭配得十分均衡和諧。國家領土相當大，遍布於多種氣候區，各家生產廠商費盡心思栽培與生產獨具特色魅力的咖啡豆。

【代表品種】卡杜拉（CATURRA）．卡斯提優（CASTILLO）
【味道特徵】均衡和諧的酸味與甜味

哥倫比亞的咖啡豆生產量位居世界第三，僅次於巴西、越南。對日本來說，是排名第三的咖啡豆進口國。

南北縱貫的安地斯山脈對哥倫比亞的咖啡樹種植有著難以估計的莫大影響。廣大的國土涵蓋各種海拔高度的土地、類型豐富的氣候，咖啡豆的種植情況因地形和氣候而有所不同。由於生產區多，最大的優勢即一整年都有豐沛的咖啡豆收成量供應出口。

另外，哥倫比亞的咖啡豆一年可收成二次，其中第二期收成的咖啡豆稱為「MITAKA」。

生產商多半是小規模的咖啡農園，而且多數生產商也都是哥倫比亞國家咖啡生產者協會（Federación Nacional de cafeteros, FNC）的會員。FNC成立於1927年，類似日本農協，主要負責咖啡豆生產、出口等各種咖啡相關事業。

FNC有個名為「胡安・巴爾德斯（Juan Valdez）」的虛擬形象人物，頭頂著帽子，嘴上留著鬍子，身邊還有一隻驢子。舉凡哥倫比亞的咖啡館、咖啡豆包裝袋都看得到胡安・巴爾德斯的身影，儼然已經是哥倫比亞咖啡豆的象徵。

請大家牢記，哥倫比亞咖啡豆的特色是「酸味和甜味形成絕妙的平衡」。

哥倫比亞咖啡豆適合沖煮成濃縮咖啡，也曾經在世界咖啡師大賽等比賽中獲選為優良產地。

POINT

品牌力世界首屈一指。
酸味與甜味形成絕妙的平衡。

「知名代表性生產國③」衣索比亞

衣索比亞是公認的咖啡發源國，至今也依然保留傳統的「咖啡儀式（coffee ceremony）」。衣索比亞生產的咖啡豆不僅品質優良，全世界的咖啡業界更是深信衣索比亞咖啡豆隱藏了無限潛力。

充滿香醇濃郁的花果香氣

【代表品種】衣索比亞原生種

【味道特徵】充滿紅茶般的濃醇香氣

據說衣索比亞是咖啡豆的發源地，起初當地人熬煮果肉和種子後飲用，之後才改成先烘焙種子，然後再煮沸後飲用。

在日本咖啡館引爆熱潮的那段期間，帶有優雅香氣的高級咖啡「摩卡」是最受歡迎的品種之一。摩卡是衣索比亞鄰國葉門的港口城市，自摩卡港口輸出的咖啡豆就稱為「摩卡咖啡豆」，即便生產自對岸的衣索比亞，同樣被稱為摩卡。

現在名為「藝伎」的咖啡豆正席捲全世界，而藝伎原是衣索比亞的原生品種，生長於衣索比亞的「藝伎村」，因此得此稱號。

巴拿馬翡翠莊園的藝伎咖啡豆帶有高級水果甜味與花果香氣，好比香水般香氣芬馥。雖然衣索比亞和中南美洲數國也生產少量藝伎咖啡豆，香氣同樣芬芳迷人，但在咖啡愛好者眼中，巴拿馬產的藝伎咖啡豆才是至高無上的瑰寶。另一方面，衣索比亞的耶加雪菲城鎮所生產的咖啡豆，雖然價格不如藝伎，但品質良好，同樣受到不少人喜愛。特色是充滿花香與紅茶香，清澈的酸味讓整體風味更具層次感。

正因為是咖啡發源地，衣索比亞還有許多值得稱道的地方。像是沖煮咖啡招待客人的「咖啡儀式」、獨特的喝咖啡文化等等，堪稱是咖啡愛好者最為嚮往的咖啡生產國。

POINT

雖然是咖啡，卻出乎意料外地充滿香醇濃郁的香氣和紅茶般的口感

「知名代表性生產國④」薩爾瓦多

推薦給喜歡咖啡帶酸味的你。薩爾瓦多位於中美洲，是全球知名的咖啡豆生產區，咖啡豆最大特色是清爽的酸味。

酸味系列咖啡的入門款

【代表品種】波旁（BOURBON）・帕卡瑪拉（PACMARA）
【味道特徵】清爽的酸味和花果香

薩爾瓦多是個小國家，面積大概只有日本的四國和淡路合起來的大小，是中美洲最小的國家，但境內卻有20座以上的活火山，是全世界屈指可數的火山大國之一。

薩爾瓦多於2012年首開全球先例，宣布將虛擬貨幣比特幣列為國家法定貨幣，當時在全世界引起一陣熱烈討論。

薩爾瓦多的氣候條件非常適合栽種咖啡樹，1880年還曾經是世界排名第4的咖啡豆生產國。

1956年設立國立咖啡研究所，以「咖啡獵人」之姿活躍於咖啡業界的川島良彰，也曾經進入此研究所學習咖啡樹栽種與精選技術。薩爾瓦多以生產名為「帕卡瑪拉（PACAMARA）」的人工交配品種而聞名，咖啡豆顆粒大且香味和酸味都是獨一無二，

POINT

享受含在嘴裡舒服不刺激，清澈又清爽的酸味。

品質相當優良。

但不幸的是內戰和革命導致薩爾瓦多的咖啡產業一度衰退，直到近幾年來才再次有優秀的生產商致力於生產高品質的咖啡豆。

中美洲是舉世聞名的咖啡豆產區，而在這眾多產區之中，我認為「薩爾瓦多有不少酸度和風味兼具的優質咖啡豆」。整體而言，味道屬於清爽系列，帶有明顯且清澈的酸味。最大魅力在於充滿柑橘酸味和果香風味。

另一方面，巴拿馬的藝伎咖啡雖然遠近馳名，但薩爾瓦多所培育的藝伎咖啡也因為品質佳而備受矚目。

〔知名代表性生產國⑤〕哥斯大黎加

日本自哥斯大黎加進口的咖啡豆數量並不多，但如果有機會偶遇，建議大家務必嘗試看看。保證一定會深受優質的酸味與迷人的香氣所吸引。

均勻協調的優等生生產國

【代表品種】卡杜拉（CATURRA）・卡杜艾（CATUAI）・維拉莎奇（VILLA SARCHI）

【味道特徵】優質的甜味口感

哥斯大黎加廢除軍隊，全力投入教育與醫療，是個非常重視社會福利的國家。國內有許多國立公園和自然保護區，兼具環境保護與經濟發展的生態旅遊產業十分蓬勃發達。其中參觀咖啡莊園的行程也深受世人喜愛。

另一方面，哥斯大黎加也是赫赫有名的咖啡生產國，1933年政府與生產商成立「哥斯達黎加咖啡協會（CICAFE）」。1988年政府甚至制定法律，除了高品質且香氣濃郁的「阿拉比卡種」的咖啡豆以外，不得生產其他品種的咖啡豆，對維持品牌水準不遺餘力。哥斯大黎加近年來在咖啡樹栽培上致力於推動獨特的生產模式。其中最具代表的是「微型處理廠（Micro Mill）」。由家族或數家小規模生產商為一個單位，備有自家的生產加工處理設備，從採收到加工處理完全不假他人之手，生產「小規模．高品質」的咖啡豆。

除此之外，在生產咖啡豆的過程中，咖啡莊園還會採用名為「蜜處理法（Honey Process）」的獨特加工處理方式以展現自家咖啡豆的專屬個性。

恰到好處的苦味，如果實般的酸味

近年來，哥斯大黎加生產的咖啡豆逐漸在國際間闖出名號，然而出口至日本的數量其實並不多，但幸運的是，現在已經有愈來愈多的機會可以在一些追求咖啡豆產地和品質的咖啡館或咖啡豆專賣店裡，發現哥斯大黎加咖啡豆的蹤影。哥斯大黎加有許多小規模農家．莊園，所以充滿各式魅力的咖啡豆一應俱全。概括來說，哥斯大黎加有許多甜中帶酸的魅力豆，誠心希望大家有機會的話，務必用心沖煮，細心品味那迷人的香氣。

［知名代表性生產國⑥］巴拿馬

巴拿馬咖啡豆的特色是清爽的酸味。除了曾經參與卓越杯競賽，榮獲當屆最高競標價格的翡翠莊園的「藝伎」之外，還有許許多多美味的咖啡豆品種！

身為咖啡老手
務必品嚐看看！

【代表品種】藝伎

【味道特徵】香水般的芳香氣味與水果酸味

巴拿馬位於中美洲，連接南、北美洲陸地，領土極為狹窄細長。領土中央的巴拿馬運河連接加勒比海和太平洋，是人民和貨物的重要交通樞紐，同時也是政治・經濟・文化中心。

從環境和氣候來看，巴拿馬地處中美洲最南部，日夜溫差大，生長期雨量豐沛，收成期天氣乾燥，對栽種咖啡樹來說是非常有利的條件。

巴拿馬的咖啡豆自２００４年起開始受到全球矚目。當時翡翠莊園的「藝伎」品種在「巴拿馬最佳咖啡（Best of Panama）」的國際競標會上榮獲全世界最高競標價格的殊榮。紅茶般的輕盈口感、清新的花香和柑橘類的香酸都是其他咖啡豆無可匹敵的特色。

自此之後，在全球咖啡市場上，巴拿馬藝伎咖啡豆的交易價錢一直居高不下，占有一席特殊地位。而巴拿馬國內致力於栽種藝伎品種的莊園也如雨後春筍般增加。

然而話雖如此，就整體生產量來說，藝伎的生產量還算是少數，最大宗的依舊是卡杜拉和卡杜艾這兩種品種。這兩種原本就是計畫性大規模生產的品種，也多虧良好的氣候條件與積極栽培的生產商，才得以使如此優質的咖啡豆流通於全世界。

巴拿馬生產的咖啡豆多屬於清爽・清澈系列，爽快的酸味獨具魅力。

POINT

以高品質生產國之姿人氣急速飆升中！

「知名代表性生產國⑦」厄瓜多

厄瓜多雖然以盛產香蕉而聞名，但近來也因為生產高品質咖啡豆而備受矚目。紮實的酸味中帶有甜味，正一步一步邁向全世界。

清澈的酸味受到全世界矚目！

【代表品種】西德拉．美侯拉多鐵比卡
（SIDRA．TYPICA MEJORADO）
【味道特徵】帶有甜味的水果風味

厄瓜多位於南美洲的西北部，面向太平洋且赤道橫貫國境。雖然是個國土面積只有日本三分之二左右的小國，但國內自然環境豐富且多樣化，包括安地斯山脈、亞馬遜河源頭流域的熱帶雨林、海岸邊的紅樹林等。另外，濱外的加拉帕戈斯群島更是啟發博物學家達爾文提出進化論的重要島嶼。

在如此豐沛的自然條件與生態系統加持下，除了咖啡豆以外，厄瓜多的香蕉和可可也是全球遠近馳名。超過海拔6000公尺的安地斯山脈南北縱貫，因此絕大多數的國土非高山即高原。正因為具有地形・氣候等優勢條件，厄瓜多才能生產如此高品質的咖啡豆。

在此之前，厄瓜多產的咖啡豆評價並不高，但他們的咖啡產業被寄予厚望。另一方面，厄瓜多還有許多未開發的土地，以及一些尚不知名的咖啡豆品種，這都讓全世界對厄瓜多抱以高度期待。

厄瓜多咖啡豆的最大特色是「充滿活力的酸質與恰到好處的甜味」。絕大多數的咖啡豆都極為順口，酸度和甜度協調平衡，而且充滿濃郁的芳香味道。

相信不久的將來，「西德拉（SIDRA）」可能也會是備受關注的咖啡豆品種。西德拉是波旁（BOURBON）的變種，帶有草莓香氣與強烈的水果口香糖般的香甜味。據說厄瓜多國內還有不少突變品種，具有無限可能的巨大潛力，不愧是有名的咖啡豆生產區。

POINT

安地斯山脈的高地
生產風味多樣化的咖啡豆。

「知名代表性生產國⑧」肯亞

非洲的主要咖啡豆產區之一。由於一年有二次雨季，具有一年可收成二次的優勢。味道極為純淨，果實豐富多汁且帶有新鮮果酸味。

如黑醋栗和莓果般的清爽口感系列

【代表品種】SL28、SL34

【味道特徵】帶有如黑醋栗和莓果般的濃郁酸味

肯亞位於非洲東部，赤道下方，北與咖啡起源地衣索比亞交界，是非洲主要的咖啡豆產區之一，但肯亞的咖啡豆生產之路遠比其他國家晚起步。

話雖如此，相較於一年只有一次雨季，開花和收成也都只有一年一次的國家，肯亞的優勢在於一年有二次雨季，因此一年可以收成二次。另一方面，咖啡豆生產商還曾經在肯亞出資成立世界上第一個咖啡研究機構，積極推動咖啡豆生產、以高品質咖啡豆生產區之名提高國家知名度。

除了咖啡豆，肯亞也是有名的紅茶生產區，製作成可愛球狀的紅茶茶葉更是聲名遠播。比起咖啡，肯亞國民更偏好加了牛奶的紅茶。

在咖啡豆專賣店裡尋找肯亞咖啡時，會發現他們多半以「肯亞 AA」英文字母的方式命名。肯亞是按照篩網目數（豆子大小）來區分咖啡豆等級，這個英文字母代表的是等級。顆粒愈大，等級愈高，使用篩網目數17～18（6.8～7.2㎜）篩選出來的咖啡豆為AA級，也就是最高等級。

POINT

充滿莓果系列的酸味，
豐富的香氣在嘴裡散開。

肯亞咖啡豆的特色是「明顯且優質，會讓人直接聯想到水果風味的酸感」。優質的肯亞咖啡豆中，莓果調性系列既帶有鮮嫩的酸感，又充滿果乾般的香氣與風味。

知名代表性生產國⑨ 印度尼西亞

印度尼西亞咖啡豆的最大特色是厚實的稠度與濃郁的回韻。除了栽種於蘇門答臘島，充滿濃郁香氣的「曼特寧」之外，還有許多優質美味的咖啡豆。

充滿厚實稠度，味道豐富紮實

【代表品種】羅布斯塔（ROBUSTA）、提摩（TIMOR HYBRID）
【味道特徵】帶有泥土的香氣與濃厚稠度

印度尼西亞是東南亞馬來群島南部的國家。

咖啡豆生產量僅次於世界排名第二的越南，在亞洲排名第二，在全世界排名第四。

印尼生產的「曼特寧（MANDHELING）」和「托那加（TORAJA）」在日本是相當受到歡迎的優質咖啡豆。附帶一提，曼特寧並非地名，而是位於蘇門答臘一個部落的名字。

這些品名眾所皆知，但印尼其實還有許多知名度不如生產量的咖啡豆品種。隨著亞洲地區的經濟發展，咖啡產業也蓬勃起飛，印尼成為優質咖啡豆的生產區將指日可待。

曼特寧產於蘇門答臘，由於加工處理收成果實的方法較為獨特，因此特別稱為「蘇門答臘式」加工法。自咖啡果實中取出種子後，分二階段進行乾燥。先是去除果肉，將依然濕黏的種子進行第一次乾燥．脫殼，接著再進行第二次乾燥。這種方法適合降雨頻繁且濕度高的環境，也有利於打造獨特的風味與香氣。

若要以簡單幾句話來總結印尼的咖啡豆，那就是「曼特寧咖啡豆充滿厚重強烈口感與濃郁香氣。而其他咖啡豆則充滿異國香氣、泥土馨香與濃厚苦味」。

近年來，生產商也開始陸續出現世代交替的現象，不少年輕且雄心勃勃的生產者於全球各生產地不斷學習與精進自己的技術，致力於在印尼生產出更多優質咖啡豆。在不久的將來，印尼會是一個不容小覷的咖啡豆生產國。

POINT

喝起來極為順口，
製作成花式咖啡也OK！

TIPS FOR GOOD COFFEE

「知名代表性生產國⑩」越南

越南是亞洲排名第一的咖啡豆生產國，世界排名第二。咖啡豆充滿稠度、苦澀味和濃郁香氣，因此咖啡裡加入大量煉乳的喝法也成了越南咖啡最獨一無二的特色。近年來，越南也開始盛行栽種優質風味的咖啡豆。

搭配煉乳一起喝，無與倫比的好風味

【代表品種】羅布斯塔（ROBUSTA）、卡帝莫（CATIMOR）
【味道特徵】苦澀味強烈的濃厚風味

越南位於中南半島東部，屬於熱帶季風氣候，特徵是高溫多雨。

據說1857年，當時還是殖民地的越南從法國引進咖啡樹苗，並且開始投入大量人力認真栽種，雖然一度因為爆發越南戰爭而中斷，但在革新開放政策（越南改革開放政策）下，咖啡豆成為一大產業，並為越南帶來巨大商機。目前越南的咖啡豆產量位居世界第二。

越南咖啡豆的品種以「羅布斯塔」為主，雖然品質稍微劣於阿拉比卡品種，但不僅能夠抵抗日益嚴重的病蟲害，生產量也能夠維持在所需之上，是穩定供應鏈中不可或缺的重要品種。

日本也從越南進口相當大量的羅布斯塔咖啡豆，多虧如此才能支持咖啡產業持續穩定成長。

另一方面，羅布斯塔品種中也有像是「G1拋光（G1 Polished）」等加工狀態較好的優質咖啡豆品種。而近年來生產商也致力於增加生產香氣和味道比較好的阿拉比卡品種，未來的發展性相信值得期待。

除了生產咖啡豆，喝咖啡也是越南人每天不可或缺的生活儀式。越南獨樹一格的「越式咖啡」更是舉世聞名，以煉乳代替牛奶添加在咖啡裡。

越南咖啡豆的特色是「富有濃厚的稠度，濃郁的風味」。也因此即便添加牛奶或煉乳，也絲毫不減咖啡原有的風味。

最近興起的咖啡裡添加優格的花式咖啡似乎有相當不錯的評價。

POINT

亞洲第一大咖啡豆生產國。
調配成咖啡歐蕾也非常美味。

COLUMN

井崎咖啡師的閒談①

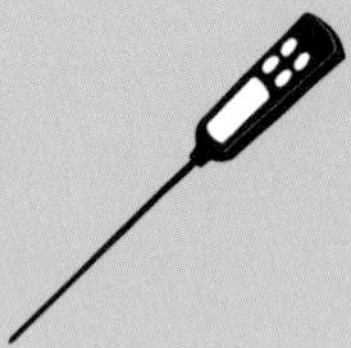

溫度會改變味覺

我相信一定有人感覺得出來，剛沖煮好的咖啡和放涼後的咖啡，這兩者的咖啡味道不一樣。

「感受味道的方式因溫度而異」這句話也是分辨咖啡豆好壞的重要關鍵。

首先，請大家先記住「隨著咖啡溫度下降，愈接近體溫時愈能掌握咖啡的正確味道」。所以咖啡冷了不好喝，代表咖啡豆的品質不夠優。

在我最近喝的咖啡當中，有幾個品種讓我感到驚艷「這真的是好喝到爆！」

中南美洲和非洲咖啡豆的品質優、風味佳，向來有相當不錯的評價，但近來亞洲咖啡豆也有飛躍性發展，像是印度尼西亞、菲律賓等。

在精品咖啡的世界裡，通常會進行鑑定味道的「杯測」，藉由科學方法為咖啡豆打分數。杯測分數達總分80分以上視為「精品咖啡」等級，也能獲得比較高的競標價格。我曾經在杯測時喝過一杯菲律賓咖啡，總分超過85分的高品質真的是不可同日而語。

近年來菲律賓、印尼等亞洲咖啡產業主要由30歲左右的Y世代和Z世代主導，他們都有個共通點，不是前往先進咖啡豆生產國耳濡目染，就是拜師於海外一流生產商，培養一身國際觀後再回國投身於國內咖啡業，因此各個本領高強。他們不斷嘗試，在失敗中學習，透過反饋加以改進，最終才得以來到我的手上。

這樣的運作方式在全世界都看得到。過去只是單純嚮往出國的人，他們開始基於愛國之情，將重心擺在國內產業，致力於打造一個能夠製造高品質咖啡豆的國家。

因此我有愈來愈多的機會可以邂逅這些來自全世界的咖啡豆，並且細細品嚐他們的美味。亞洲咖啡豆的品質有一定的水準，但近來厄瓜多的咖啡豆也不遑多讓，味道和品質都相當出眾。

讓我們回到最初的話題，「高品質的咖啡是無論冷熱變化，都是好喝順口。趁熱喝時有股淡淡的茉莉花香，冷卻後變成橙花風味。能夠讓人品嚐溫度差異帶來的「味道層次起伏」，才稱得上是一杯好咖啡。

在葡萄酒的概念中，「風土（Terroir）」代表產區環境的特色，但在咖啡世界裡，則是指生長環境帶給咖啡豆的正面風味。好比品嚐不同溫度帶所釀造的不同風味葡萄酒，在咖啡世界裡，溫度差異或許也會成為一種創新的品嚐方式。

第 1 節課

從知識・器具開始學習咖啡原理

咖啡豆的真實身分是植物種子

請仔細觀察平時一口接一口啜飲的咖啡。為什麼這麼香？為什麼是這個顏色？帶著好奇心，讓我們一起深入奧妙的咖啡世界。

摘下咖啡樹的果實，從果實中取出種子，再將種子經精製→烘焙→研磨→萃取等加工處理，最後才能沖煮出一杯咖啡。

咖啡樹的果實「咖啡櫻桃」
（詳細內容請參考 P55）

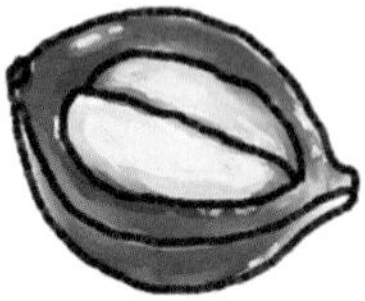

果實裡有 2 顆種子，這就是咖啡豆的真實身分

不少人會在咖啡館或飯店喝現煮咖啡，但習慣自己沖煮咖啡的人卻不多。我想其中應該也不乏「反正家人或朋友會煮咖啡，我只要負責喝就好」的人。

習慣自己沖煮咖啡的人或許仔細觀察過，咖啡顏色從亮棕色到深黑色都有，是一種充滿迷人香氣的液體。你們不覺得愈看愈不可思議嗎？

這個香氣究竟打從哪裡來？咖啡顏色又為什麼會這麼黑？

其實這個名為咖啡的液體來自於一種植物的種子。摘下植物的種子，烘焙後研磨成粉，然後倒入熱水所萃取出來的液體，就是咖啡。之所以充滿香氣，是因為種子含有多種成分，經過像烤吐司般的烘焙，使種子因化學反應而釋放濃郁又誘人的香氣。

POINT

追溯一杯咖啡的根源來自大海對岸的植物種子。

雖然我們習慣稱為「咖啡豆」，但其實是咖啡樹的「種子」。而液體呈黑色，則是來自於烘焙咖啡種子後的顏色。

從上述內容可以得知，咖啡可說是一種打著燈籠無處找的精緻飲品。不過，至今仍舊不清楚究竟是誰先發現咖啡豆，又是如何搖身一變成為一種飲料。

自從在非洲大陸發現咖啡豆以來，迷人的美味和具有消除疲勞效果的價值受到認可，並且普及於全世界，正因為世界各地致力於栽種咖啡樹、製造咖啡豆，我們現在才能人手一杯咖啡。仔細想想，這真的是一件不可思議的奇蹟。

從白色花的種子到您的杯中

從植物種子到一杯咖啡

咖啡也曾經有紅色果實的時期

咖啡豆其實是植物的種子，如上述所說明。

咖啡源自於名為「**咖啡樹**」的植物，屬於「茜草科咖啡屬」。附帶說明一下，以強烈香氣的白花而聞名的梔子花，同樣也屬於茜草科。咖啡樹也會開出可愛的白花，花朵帶有淡淡清香。

如同其他的植物，咖啡樹在開花之後會結果。果實一開始呈綠色，成熟時轉為紅色或紫紅色，有些品種則轉為黃色。果實形狀呈圓形或橢圓形。

由於外觀看似櫻桃，所以也被稱為「**咖啡櫻桃**」。

咖啡樹

咖啡樹為茜草科常綠灌木。野生咖啡樹可長至9～12公尺高，但莊園裡為了方便採收，通常會定期將咖啡樹修剪成大約2公尺高。葉片呈微長的橢圓形。

從果實中取出種子，加工處理成生豆

咖啡櫻桃裡有種子，而種子就是我們所熟悉的咖啡豆。果實裡有二顆呈半球狀且相向的咖啡豆。

咖啡櫻桃的果肉很薄，在樹上完全成熟時，糖度甚至可能超過20度，吃起來味道甘甜。所謂糖度，是指每100毫升水溶液中溶解的蔗糖克數，是含糖量的重要指標，通常水蜜桃或葡萄等的糖度若超過20度，就會被評定為頂級水果。

附帶說明，咖啡櫻桃的果肉也含有**咖啡因**。

咖啡櫻桃不一定要人工採摘，也可以透過機械進行採收。將採收的果實經去除果肉、種子的乾燥．去殼等加工處理，然後製作成「生豆」。

咖啡櫻桃
在咖啡樹原產地，人們經常採收成熟的咖啡櫻桃，發酵成果汁後飲用。

咖啡因
咖啡豆（茜草科）、茶（山茶科）、可可（梧桐科）等雖然是不同科的植物，但同樣含有咖啡因。咖啡因具有提神醒腦的功效，自古以來常被當成日常生活中的一般飲品。

消費國自行烘焙，人手一杯美味咖啡

咖啡豆多半以生豆狀態出口，跨海抵達消費國後，再由各消費國自行烘焙。

咖啡豆內含多種成分，經加熱引發化學反應而產生咖啡特有的香氣和味道，這個「工程」稱為「烘焙」。烘焙之前的生豆呈淡綠色，有點草腥味，無法直接泡水喝。咖啡烘焙指的是一種以火烘烤咖啡生豆的技術。透過加熱使咖啡生豆內的成分轉變為構成味道和香氣的成分。

烘焙咖啡生豆時，當豆子轉為茶色或深褐色，自然會釋放出一股咖啡獨特的芳香。豆子內部產生**梅納反應**及**焦糖化反應**等變化，進而產生香氣、甜味、酸味和苦味。

習得知識，立刻嘗試沖煮咖啡

梅納反應
食品加工時會產生的化學反應之一。以咖啡豆或吐司為例，不僅顏色會變褐色變深，還會產生如出爐麵包般的芬芳香氣。

習得知識後，接著掌握萃取機制。

而所謂萃取，其實就是沖煮作業，其中最具代表性的方法是「滴濾式」，簡單說明如下。

❶將咖啡豆研磨成粉

❷注入熱水

❸咖啡成分溶入熱水中

希望大家都能遇上擁有「化學反應該進展到什麼程度、什麼時候該停止」高超烘焙技術的咖啡館，以及符合自己喜好的咖啡烘焙度。

一旦發現美味的咖啡豆，再來就是沖煮並細細品味了。

不要畏懼反覆嘗試、反覆失敗，從失敗中學習，肯定會更純熟且更上一層樓。

焦糖化反應

焦糖化反應也是食品加工時產生的化學反應。食品中的糖類受熱產生反應，進而使食物顏色變成深褐色。

沒有專業器具，用濾茶器也OK

即便沒有專業器具，只要備有濾茶器就能沖煮咖啡。熱水倒入裝有咖啡粉的杯中，靜置4分鐘後再以濾茶器撈出粉末就完成了。看吧，就這麼簡單，而且美味到令人難以置信。

如果有咖啡專用手沖壺當然最好，沒有的話，使用牛奶鍋等小鍋也可以。

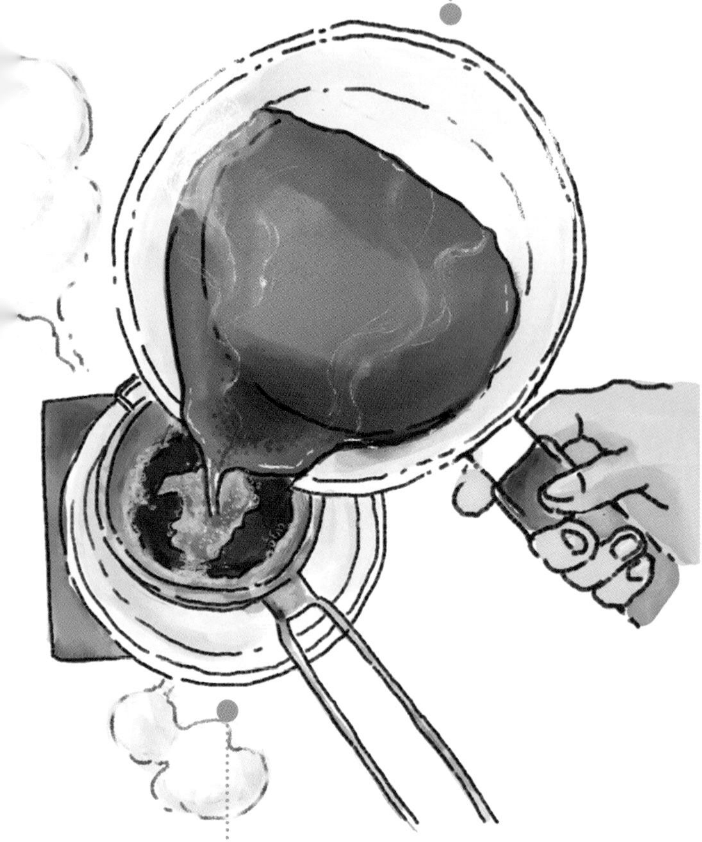

使用細篩網的濾茶器，可以盡量將粉末撈乾淨。

知道咖啡豆這種農作物的構造、咖啡的萃取機制後，現在馬上來沖杯咖啡吧。

一開始完全不需要任何專業器具，只要使用每個家庭肯定會有的濾茶器。如果沒有，在商店裡買把最便宜的就可以了。

沖煮方式如下所示。

首先，準備一個牛奶鍋或有把手的小鍋子。使用手沖壺當然最方便，但不急，等一切都熟悉之後再添購。接著在杯子裡倒入咖啡粉並注入熱水。家裡若沒有咖啡粉，可以請店家代為研磨，或者一開始就買研磨好的咖啡粉。使用分量為100毫升的水，搭配6~8公克的咖啡粉。

熱水溫度？慢慢注入比較好？這些細節先不加以理會，只要將快煮壺煮好的熱水倒進杯裡就好。

POINT

濾茶器滴濾式咖啡
在家喝杯美味咖啡的第一步

靜置4分鐘，讓咖啡成分確實溶入熱水中。如果直接飲用，咖啡粉可能會殘留於口中，因此該是濾茶器出場的時候了。先將濾茶器架在馬克杯上，倒入咖啡粉後注入熱水，透過濾茶器萃取咖啡液。

請觀察一下咖啡液的表面。表面通常會浮出一層油，那其實是咖啡豆本身含有的油脂，油脂將香氣和美味都鎖在裡面。

雖然這個方法不夠精緻，但還是可以輕鬆泡出一杯類似使用法式濾壓壺（請參照P74）口感的美味咖啡。

濾茶器可謂是萬能的全項選手。除了用於沖煮咖啡，也可以用來過篩分離研磨咖啡豆所產生的100微米以下的「細粉」。

濾掛咖啡包不費功夫・不失敗

送禮之首選，滴濾式濾掛咖啡包。因為品質佳，不少人也會買來自用。妥善運用不費功夫且不會失敗的滴濾式濾掛咖啡包，我們可以更加輕鬆享受咖啡生活。

不要小看滴濾式濾掛咖啡包。個別包裝，減少品質劣化，維持良好味道。入門者不需要太計較水溫，總之先注入熱水。

就算持續浸泡在已萃取的咖啡液中，咖啡成分也無法更進一步溶入熱水中。使用有一定高度的杯子，讓熱水和咖啡粉充分接觸，才能萃取出最佳咖啡風味。

若說到過年過節送禮，當然不能忘記滴濾式濾掛咖啡包禮盒。無論有沒有專業器具，只需要將咖啡包掛在杯子上並注入熱水，便能輕鬆享用咖啡，因此受到不少人喜愛。而另外一個優點是，個別包裝容易使用，在職場也方便分送給每一位同事。

除了老字號企業或品牌製造商，最近大型連鎖咖啡品牌也開始販售自家生產，包裝精美的濾掛咖啡包。如果是各式各樣的組合包，不僅有機會嘗試平時不太挑選的咖啡豆，其實也是變相的樂趣。因此除了買來送禮，有愈來愈多的咖啡粉絲也會買來自用。每天品嚐不一樣的咖啡，多方嘗試也是挺愉快的。

使用滴濾式濾掛咖啡包向來不容易失敗，但如果想要進一步提升美味，簡單訣竅如下。遵守包裝袋上的熱水使用量指示是最基本的原則。

・使用具有一定高度的杯子，不要讓整個濾掛包浸泡在萃取的咖啡液裡。（因為萃取後的咖啡液無法再溶出咖啡成分）

・第一次注入熱水後，靜置1分鐘進行悶蒸，然後再緩緩注入熱水以萃取咖啡液。

另一方面，我個人覺得比濾掛咖啡還要更方便的「濾泡咖啡」很可能會掀起另一波熱潮。以茶包的概念浸泡在熱水裡數分鐘（按照包裝上的指示）即可享用。出門前只要將適當水量和咖啡濾袋放入保溫瓶中，隨時隨地都能喝上一口熱咖啡。

POINT

以嘗試心態輕鬆沖煮濾掛咖啡包。
找尋適合自己的口味。

COLUMN

井崎咖啡師的閒談②

如何與無法切割的咖啡因相處

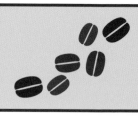

自從我妻子懷孕後，我們便決定「晚上不再攝取咖啡因！」但說來容易，做起來難，想喝咖啡的念頭很難在短時間內戒掉。那麼，改喝無咖啡因咖啡？

以前我總抱持懷疑的態度「從咖啡中去掉咖啡因，還有什麼樂趣可言？」然而當我非得面臨這種狀況時，我才終於了解重要性和真實現狀。在那之後，我嘗試了20多種無咖啡因咖啡，但沒有任何一款讓我感到滿意，於是我決定自己製作無咖啡因咖啡。

以前即便深夜12點、1點，我還是大口大口喝著咖啡，因為我有很強的咖啡因代謝能力，我的妻子也是如此。

不過，當我實際改喝無咖啡因咖啡後，隔天早上我竟然可以心甘情願且舒服地醒過來。一個星期後，我終於懂了。當生理時鐘響起，不僅可以立即清醒，還可以舒舒服服地醒過來。使用智慧手錶偵測睡眠品質，發現竟然也跟著改善了不少。

一旦攝取咖啡因，身體必須花費12個小時左右才能完全代謝。但在睡前12小時起完全不攝取咖啡因，以我的生活型態來說，其實是很困難的一件事。但現在我從傍晚開始，無論在家或辦公室，我都改喝無咖啡因咖啡，整個人的狀態變得非常好。

而另一方面，早上喝杯含有咖啡因的咖啡，反而更能有效啟動身心運作，完全不需要擔心咖啡因帶來的影響。假設身體狀況不佳，我便提早最後一杯咖啡的飲用時間，或者將飲用量減少至平時的一半。

早上爬不起來的人，請先當咖啡因是始作俑者，試著確認一下咖啡攝取量、攝取時間與身體狀況之間的關係吧。

咖啡具提神效果，並非只是咖啡因的作用使然，我認為如茶道般的強大精神力也是原因之一。沖煮咖啡好比隨性版的茶道，同樣具有正念效果。之所以想喝咖啡，應該也包含了這個概念。也就是說，大家並非純粹為了攝取咖啡因，才和咖啡打交道。

除此之外，成功的社會人士或各個領域的專家對於咖啡因的攝取也極為自律。甚至有人說「下午4點過後不喝咖啡」。因為他們深知咖啡因會影響睡眠品質，更會直接影響各項表現。

近年來的美國，根據資料顯示，自我意識高的Y世代和Z世代開始轉向無咖啡因的咖啡，而光是這兩個世代就占了美國無咖啡因咖啡消費量的30%。

第2節課

在家享受！
沖煮咖啡的基本方法與種類

沖煮咖啡的種類

同樣都是注入熱水，但味道和萃取依沖煮方法而有所不同。多方嘗試，探索適合自己生活型態和個性的沖煮方式也是一種樂趣。

【濾紙滴濾法】

【濾布滴濾法】

【法式濾壓壺】

【冷萃法】

【咖啡機】

你知道如何沖煮咖啡嗎？

一般來說，大家最熟悉的沖煮方式應該是將熱水注入裝有咖啡粉的杯子裡，一杯一杯沖煮而成的「濾紙滴濾法」。鋪好濾紙，倒入咖啡粉，然後緩緩注入熱水，雖然萃取咖啡液需要費點功夫和時間，但等待過程卻出乎意料地有趣。另外，只要完全過濾細渣，就可以享用一杯清澈無比的美味咖啡。濾紙連同咖啡渣一起丟棄，事後清理輕鬆無比。

「濾布滴濾法」的沖煮方式和濾紙滴濾法一樣，只是素材從濾紙變成法蘭絨濾布。咖啡廳多半使用濾布滴濾法，可以一次萃取多杯咖啡，並於客人點餐後重新加熱。濾布滴濾式咖啡喝起來溫潤順口，好比一些咖啡老手所說，用濾布沖煮咖啡看起來格外像樣，而且有種非濾布不可的獨特味道。但缺點就是濾布的清潔與保養相對麻煩。

POINT

沖煮咖啡的方法五花八門。找出適合自己的最佳方式。

再來是「法式濾壓壺」，所謂濾壓壺其實就像是紅茶專賣店裡常看到的沖茶器。將咖啡粉倒入壺中並注入熱水，靜置悶蒸數分鐘，待咖啡成分溶入熱水中。接著放上壓柄壺蓋，輕輕下壓至底部即可將萃取的咖啡液倒入杯中享用。確實按照水和咖啡粉的比例沖煮，任何人都能輕鬆做到。如此方便的沖煮方式，或許嘗試過一次就會變成家裡的必備器具。

至於「冷萃法」，則是以冷泡麥茶的概念將咖啡粉浸泡於水中以萃取咖啡液的方法，不需要花時間、費功夫。而最簡單的方式便是使用全自動咖啡機煮咖啡。

如上所述，咖啡味道和萃取因沖煮方式而異，建議大家多方嘗試，找出最適合自己的咖啡沖煮方式。

了解歷史讓沖煮咖啡變得更有趣

咖啡的歷史與浪漫薰香器具的故事

透過東印度公司的貿易往來傳入歐洲

在多數咖啡原產地，當地人自古以來便將咖啡果實作為**藥物治療**使用，主要目的是提振精神與恢復活力。一般市民將咖啡視為飲料則是在15世紀左右的事。

1554年，土耳其的君士坦丁堡成立史上第一間咖啡館。而且經由東印度公司的貿易往來傳入歐洲。倫敦、威尼斯、巴黎等都市也開始陸續設立**咖啡館**或咖啡廳，是大家喝咖啡、談生意、從事社交活動的好去處。

不久之後，咖啡繼續傳入美洲大陸，中南美洲也陸續開始積極栽種．生產咖啡豆。

藥物治療
10世紀左右，伊斯蘭教世界的醫師所撰寫的《醫學集成》是全世界第一部收錄有關咖啡豆的文獻。書中記載「熬煮咖啡種子的汁液不僅對胃很溫和，還具有提神、利尿等功效」。

咖啡館
誕生於17世紀的英國倫敦。可以喝咖啡、吃簡餐，同時也是從事社交活動與交換訊息的場所。

最原始的是煮沸水和咖啡粉的土耳其咖啡

咖啡的芳香與洗鍊的氛圍讓不少人深受吸引而沉迷其中，因此世界各地不斷開發各式各樣的新型萃取方式。

舉例來說，咖啡初次傳入歐洲時，最先出現的是將咖啡豆研磨成粉，然後和水一起放入容器中烹煮的**煮沸方式**。但咖啡館等必須一次製作多人份備用，這種方式容易有香氣揮發的問題。因此後來才研發出將咖啡粉浸泡於熱水中以萃取咖啡液的「浸泡式」。這種方法可說是現代法式濾壓壺的根源。

不久之後，法國開始流行將咖啡粉裝在布袋裡，然後浸泡於熱水中的萃取方式。一位錫匠更發明出附有過濾布袋的咖啡壺，並以自己的名字命名為「Don Martin咖啡壺」。

煮沸方式

咖啡豆初次傳入歐洲時，土耳其人使用傳統長柄銅製咖啡壺（cezve）萃取咖啡液，使用這種方式沖煮的咖啡稱為土耳其咖啡。

咖啡風味隨地區而改變

配合當地的風俗習慣與飲食習慣，咖啡的飲用方式和特調方式也會有所不同，這也是咖啡文化有趣的地方。咖啡和等量牛奶加在一起的**咖啡歐蕾**（法式）、以高壓熱水快速通過細研磨咖啡粉所萃取的濃縮咖啡（義式）等等。

義式咖啡的特色是口味強勁濃郁、而拿鐵和**卡布奇諾**則另外添加砂糖和牛奶，不同的搭配組合，衍生了各種充滿樂趣的花式咖啡。

在咖啡歷史不算悠久的亞洲國家，也有愈來愈多像是添加煉乳或優格等自由創意的花式特調咖啡。

類型多樣化，但萃取原理就二種

先前為大家介紹多種萃取方式和器具，但萃取原理大致可分為二種。

・浸泡式：將咖啡粉浸泡在熱水中的萃取方式。不另外使用濾紙等過

咖啡歐蕾
將咖啡倒入熱牛奶中飲用。

卡布奇諾
將蒸氣加熱打發的牛奶（奶泡）加入濃縮咖啡中飲用。

濾。例如法式濾壓壺。據說法式濾壓壺是源自於法國或流行於法國，一種看似保溫瓶的器具。將咖啡粉和熱水倒入壺中，然後以拉桿式濾壓器將咖啡粉下壓至底部，再將萃取咖啡液倒入杯中。

在日本有不少人常將泡紅茶專用的濾泡沖茶器和法式濾壓壺混淆，但其實這原本是為了沖煮咖啡所發明的器具。

・滴濾式……以斷斷續續的方式將熱水注入咖啡粉中，再經由過濾器萃取咖啡液。例如濾紙滴濾式咖啡、濾布滴濾式咖啡、濃縮咖啡等。

長久以來日本主要使用濾紙滴濾法，濾布滴濾式咖啡和**虹吸式咖啡**則常見於咖啡專賣店。而自從獨創風格的咖啡館流行以來，濃縮咖啡等才漸漸普及起來。

另外還有浸泡式與滴濾式搭配在一起的混合型。最具代表的萃取器具就是**愛樂壓**和聰明濾杯。在咖啡萃取的世界裡，天天都在進化與進步。

為了萃取而構思設計的器具，是智慧與玩心的結晶。蒐集並使用也是一種與眾不同的樂趣。

虹吸式咖啡
使用上下兩個玻璃壺的萃取方式。透過蒸氣壓力讓熱水上下移動以萃取咖啡液。外觀非常獨特，極具視覺效果。

愛樂壓
一種宛如大型注射器的器具。先將咖啡粉與熱水充分混合在一起，然後透過空氣壓力萃取咖啡液。

TIPS FOR GOOD COFFEE

基本的濾紙滴濾式咖啡

裝好濾紙，倒入研磨好的咖啡粉，再來只要注入熱水即可萃取咖啡液。一連串的動作宛如操作茶道般的優美。從注入熱水的瞬間即散發陣陣濃郁香氣，具十足的療癒效果。

可以自行控制咖啡粉與熱水的接觸情況，追求自己喜歡的味道。

左頁所示的第❻點注入熱水的方法非常重要。從咖啡粉的中心開始，以畫圓方式緩緩在所有咖啡粉上澆水。若咖啡粉沾於濾紙側面，輕輕搖晃濾紙讓咖啡粉回到熱水中。

學會使用濾茶器和濾掛咖啡後，接著進一步嘗試濾紙滴濾式咖啡吧。

濾杯的材質形形色色，塑膠、陶瓷、金屬、玻璃等等，請大家根據自己的預算和喜好添購。除了材質外，濾杯也有各式各樣的形狀、洞孔數和溝槽設計。溝槽設計也會影響咖啡味道。

基本上可區分為：

- 梯形濾杯，口感厚實
- 錐形濾杯，口感清爽
- 波浪形濾杯，風味均勻

請大家至少先掌握這幾種。

使用數種不同類型的濾杯，從「單孔濾杯流速慢。味道較為香醇厚實」的經驗中學習，並且探索自己喜歡的味道。

至於過濾咖啡渣的濾紙，使用和濾杯同品牌的最為理想。

POINT

初學者也沒問題！關鍵在於精準量測咖啡豆與熱水。

萃取方式如下所示。

❶煮沸熱水（以攝氏92℃為基準）
❷量測咖啡豆（100毫升的水約使用6～8公克咖啡豆）
❸研磨咖啡豆（購買咖啡粉的話，略過這步驟）
❹將濾紙裝在濾杯上
❺澆淋熱水溫杯
❻倒入咖啡粉，注入熱水

只要確實量測咖啡豆和熱水分量，初學者也絕對不會失敗。訣竅在於步驟❻中分3階段注入熱水。第一次注入熱水量的20％，主要目的是悶蒸咖啡粉，第二次注入20％，第三次注入剩餘熱水的60％。

趣味十足的濾布滴濾式咖啡

彷彿來到充滿昭和氣氛的咖啡廳。不僅沖煮方式有特別的訣竅，使用器具也較為獨特，但法蘭絨濾布滴濾式咖啡有其專屬的滑順口感與味道。若想全心沉浸在咖啡樂趣中，誠心向您推薦濾布滴濾式咖啡。

使用濾紙的情況下，通常只有上層咖啡粉膨脹，但使用濾布的話，整個布袋都會膨脹。看著咖啡緩緩滴落，享受短暫的療癒時光。

將過濾咖啡粉的素材從紙（濾紙）換成法蘭絨布。「法蘭絨布」是一般最常使用的濾布。

濾紙纖維構造緊密，能夠阻擋非常細微的咖啡粉，但法蘭絨濾布的毛細孔較粗，相較於濾紙，能夠萃取更多咖啡成分，像是油脂等，因此口感更為滑順溫潤。

基本上，「倒入咖啡粉後注入熱水」的沖煮方式同濾紙，但最大特色是「咖啡粉整體膨脹」、「內部容易形成對流」。

因此，根據注入的熱水量、注水速度和濾布動作的控制，最後呈現的風味與味道也會有所不同。

除此之外，濾紙是一次性過濾用紙，用完即丟棄，但濾布則可以重複使用。

若使用清潔劑清洗濾布，咖啡風味容易受到影響，務必只使用清水沖洗就好。而且濾布一經使用，必須經常浸泡於水中並保存於冷藏室，需要多花點心思在使用和維護上。

同樣是滴濾式，濾布比濾紙更費功夫，但最大的魅力在於時間所換來的美味。現在您也可以在家享用咖啡專門店沖煮的濃郁厚實美味咖啡，有興趣的話不妨嘗試一下。

POINT

自己宛如咖啡廳店長。
沖煮架勢也十分賞心悅目。

適合初學者的法式濾壓壺

確實按照規定的分量，簡單到初學者也不會失敗。沖煮器具外觀優雅，擺在廚房裡散發獨特存在感。

以快煮壺直接注入熱水也沒有問題。咖啡粉裡的油脂直接溶入熱水中，可以盡情享受完整的咖啡成分。

法式濾壓壺，顧名思義是一種起源於法國的咖啡沖煮方式，另外也稱為「法國壓」、「法式壓壺」。據說美國和歐洲都有不少家庭使用法式濾壓壺沖煮咖啡。

法式濾壓壺的本體為筒狀耐熱玻璃，內有將咖啡粉向下壓的盤狀金屬過濾網「濾壓器」。

外觀看似保溫瓶，在日本也以沖茶用的器具活躍於紅茶專賣店（嚴格說來，法式濾壓壺和沖茶器不一樣，但可以兼用）。

沖煮方式很簡單，將咖啡粉倒入容器中，注入熱水，靜置悶蒸數分鐘後輕輕壓下拉桿（金屬過濾網）就可以了。濾壓壺都有貼心的壺嘴設計，對準杯子倒出咖啡液就完成了。

確實遵照比例用量，無須練習，也不用任何技術。

POINT

不注意小細節也無妨，只要謹守用量就不會失敗。

依照井崎流食譜，使用細研磨咖啡粉，100毫升的熱水搭配8公克淺烘焙咖啡粉，或者6公克深烘焙咖啡粉，建議根據不同的烘焙程度改變咖啡粉使用量。

基於步驟簡單易懂，口味波動幅度不大等優點，部分咖啡館也使用法式濾壓壺沖煮咖啡。

雖然難度低，但還是可以充分溶出咖啡豆成分，因此味道醇厚濃郁。另一方面，由於無法完全過濾些許細粉，建議飲用前使用濾茶器過濾一下。

厚實濃郁的濃縮咖啡

咖啡館裡忙碌的咖啡師手中所操作的機器就是濃縮咖啡機。利用施加壓力的原理萃取咖啡液。除了需要機器，還需要使用機器的專業訓練。

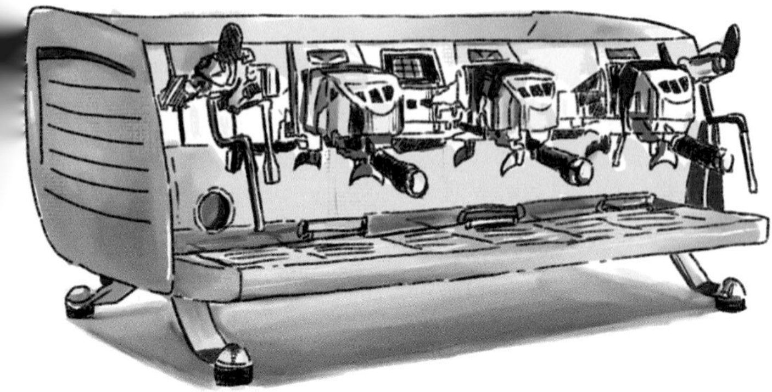

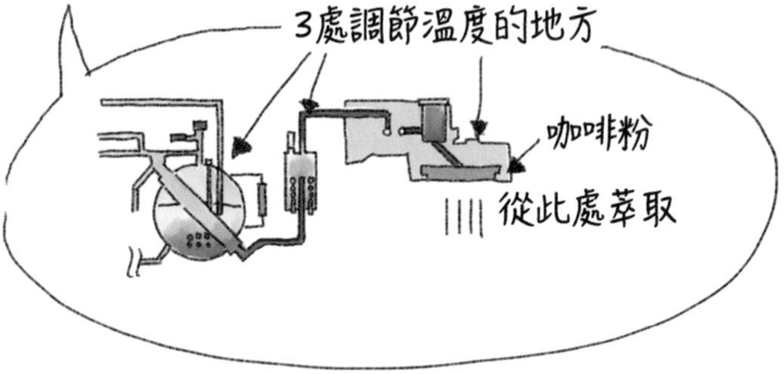

咖啡館裡最吸引眾人目光，銀色酷炫的機器就是這台濃縮咖啡機。上圖為世界咖啡師大賽的官方指定用機（義大利 Simonelli）。

以高壓熱水快速通過填壓咖啡粉的方式萃取咖啡液，這種咖啡稱為濃縮咖啡。據說這種方法約莫始於100年前的義大利，隨著星巴克等咖啡館的熱潮而風靡全日本。

在日本咖啡館裡通常會由具咖啡師身分的工作人員操作濃縮咖啡機並沖煮濃縮咖啡。雖然是咖啡機沖煮咖啡，但也並非單純按下啟動鍵就好，這是一個端看職人技術的世界。想要沖煮一杯理想中的咖啡，需要具備挑選適合的咖啡豆、適當的烘焙度、研磨方式、機器種類等的判斷能力與技術。據咖啡師表示，各種咖啡的萃取方式當中，最困難的是濃縮咖啡。

濃縮咖啡的濃度是一般滴濾式咖啡的8～10倍，苦味、酸味等複雜的味道全濃縮在一起。

以濃縮咖啡為基底，加入打泡牛奶（奶泡）製作成卡布奇諾，或者利用奶泡在咖啡上作畫的「拿鐵藝術」（拉花）等等，各式各樣的花式、特調咖啡不僅美味又充滿玩心。

義大利的一般家庭裡，通常都備有直火式的「摩卡壺」，只要數千圓日幣就買得到。可以直接在瓦斯爐上加熱，有趣又不貴，值得大家嘗試看看。另外也有免用火不插電的手壓濃縮咖啡機。

一般家用的全自動咖啡機種類繁多，有些機型甚至附有打奶泡功用。

POINT

令人如痴如迷的咖啡師手沖咖啡，突顯職人精湛技術的濃縮咖啡。

TIPS FOR GOOD COFFEE

沒有雜味且香氣鮮明的濾泡咖啡

如同免濾的麥茶茶包漸漸蔚為主流，現在也可以透過濾泡方式輕鬆沖煮咖啡。方法相當簡單，只需要將咖啡粉浸泡在水裡，覺得顏色適中即可享用。

自己控制咖啡粉與水的比例，以及萃取時間，打造一杯專屬於自己的咖啡。追求樂趣的同時，也追求精緻味道。

只要有水就能沖煮咖啡。過去主要使用茶壺煮麥茶，但現在大家偏好輕鬆簡單的濾泡方式。如同濾泡麥茶的概念，只要將裝有咖啡粉的茶包袋丟入裝水的水瓶中並靜置一晚，即可輕鬆萃取咖啡液。免用火，也不需要熱水，即便在炎炎夏日裡，也完全不需要揮汗如雨就能沖煮美味咖啡。

建議分量為100毫升的水使用8～10公克的咖啡粉。中研磨的咖啡粉最適宜，不僅萃取效率佳，也不容易有雜味。濾泡前先將咖啡粉填裝至市售的茶包袋中，事後整理更加輕鬆。

雖然有人反應「以常溫水濾泡咖啡，味道較不分明」，但優點和魅力還是相對多於缺點。而且最大的優點是因為不是高溫萃取，不容易產生高溫萃取時會出現的雜味，輕鬆又簡單的方式更是吸引大家趨之若鶩的主因。

POINT

將咖啡粉倒入水中就完成了。省時又省力。

近來的流行趨勢是以牛奶取代水沖煮「牛奶濾泡咖啡（奶萃咖啡）。」也就是將咖啡粉浸泡在牛奶中所萃取的咖啡液。比起平時在咖啡裡添加牛奶，以牛奶濾泡咖啡似乎有趣多了。

除此之外，濾泡咖啡也被稱為「冰滴咖啡」。據說荷蘭在戰前於殖民地印尼栽種咖啡豆，但由於不合荷蘭人的口味，於是便發明這種用滴落的冷水沖咖啡的方式。

不費吹灰之力！美式咖啡機

倒入咖啡粉和水，按下啟動鍵，萃取完成。就算發懶、就算想偷工減料都無妨，重要的是自己為自己煮杯咖啡。近年來市面上有愈來愈多高性能的咖啡機。

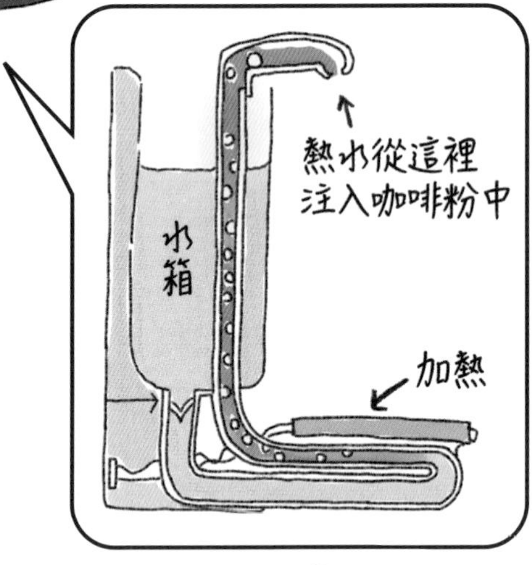

雖然是辦公室的基本配備，但多數人應該都不曉得這台機器的構造。其實機器內部構造很單純，一目了然。忙碌的早晨全權交給咖啡機，泡杯美味又香氣迷人的咖啡。

買好咖啡豆，連同水一起倒入機器中，接著按下啟動鍵，從研磨到萃取完全一手包辦，這就是厲害的「咖啡機」。相信應該有不少人都曾經操作過公司或餐廳飲料區的咖啡機。

或許有人認為「全自動機器泡出來的咖啡不會好喝吧？」但這樣的時代早就已經過去了。！

某家便利超商設有一台高性能咖啡機，喝過的人無不大力稱讚「那家超商的咖啡真好喝」，目前甚至已經超越店裡的罐裝咖啡，成為超商裡的人氣商品。

至於家用咖啡機，在製造商的努力下，一般人也都能以平易近人的價格買到一台性能不錯的咖啡機。咖啡入門者在接觸濾紙滴濾式咖啡之前，先從咖啡機著手也是不錯的選擇。尤其在忙碌的早晨，方便又快速的咖啡機真的是最佳好幫手。

POINT

挑選無研磨功能的咖啡機，使用咖啡粉沖煮咖啡。

沖煮咖啡的訣竅只有一個，那就是「使用獨立磨豆機研磨咖啡豆」。

雖然有些咖啡機附有將豆子研磨成粉的功能，但我個人並不推薦。因為高性能再搭配高規格研磨功能，價格肯定不親民，對製造商和顧客來說都不划算。直接購買研磨好的咖啡粉，或者使用獨立磨豆機處理，泡出來的咖啡才會又香又美味。基於這一點，建議大家選購「無研磨功能」的咖啡機。除了這點之外，可以暫時先不用太在意其他條件，先挑一台會想要天天使用的咖啡機吧。

COLUMN

井崎咖啡師的閒談③

超商咖啡好喝的原因

COFFEE

超商咖啡已經完全滲透一般人的日常生活。

咖啡已經是日常生活中的常見飲料，沒有人會專程跑到很遠的地方購買。想買咖啡，當然是愈近愈好，所以街道上四處林立的便利超商自然是最強的咖啡補給站。

以日本來說，全國約有5萬家便利超商。只要前往便利超商，在全國各地都喝得到幾乎相同品質的咖啡。

而且各超商所屬企業致力於研發咖啡，因此每家超商提供的咖啡完全不輸咖啡館，美味又順口。向大家透露個小祕密，由於多數人買咖啡會順便採買其他物資，因此即便原物料上漲，超商依舊能夠使用高品質的咖啡豆。再加上日本獨自研發的高性能全自動咖啡機進駐，也是超商咖啡之所以好喝的原因之一。

我想應該有不少人已經發現超商的咖啡是濃縮加滴濾式的混合型咖啡。

某家便利超商使用濃縮咖啡機，先萃取濃縮咖啡液後，再透過滴濾方式加入熱水，準確來說是稀釋的濃縮咖啡，亦即「美式咖啡」。含在口中時感覺得到咖啡粒子，而且杯底依稀殘留咖啡細粉，這肯定就是濃縮咖啡機沖煮的咖啡。

此外，某些便利超商則使用超高性能的滴濾式咖啡機。根據筆者深入調查，確信「日本市場的主流是滴濾式咖啡」。而為了追求日本人偏好的味道，不久之後，不容易產生細粉的滴濾式咖啡機即將問世。

濃縮咖啡的味道厚實濃郁，滴濾式咖啡的味道則相對清爽。比較不同咖啡的口感也是一件很有趣的事。

筆者參與監製的漢堡連鎖店也是因為重新打造專屬咖啡而聲名大噪。厲害的是使用濃縮咖啡機調製拿鐵、使用滴濾式咖啡機調製滴濾咖啡，以不同機器分別製作不同咖啡，道地的美味與專業程度完全不輸咖啡館。

近年來超商咖啡的熱潮也燒到服飾品牌業，常見店裡還特別規劃一小塊咖啡空間。這同樣也是因為他們意識到咖啡已經是日常生活的一部分，希望藉由這個方式讓客人上門消費。大廠牌賓士甚至跨界經營咖啡館，備受世人矚目。

搞不好今後會在許多想像不到的店裡意外發現獨具巧思的咖啡空間。

第3節課

學習搭配沖煮方法的各種咖啡器具

「滴濾式」與「浸泡式」

濾紙滴濾式、法式濾壓壺等咖啡沖煮方式五花八門，但重點在於「咖啡粉和熱水以什麼樣的方式混合在一起」。萃取方式大致可區分成「滴濾式」和「浸泡式」二種。

「浸泡式」的代表是法式濾壓壺。利用蒸氣壓力的虹吸式咖啡也屬於浸泡式。

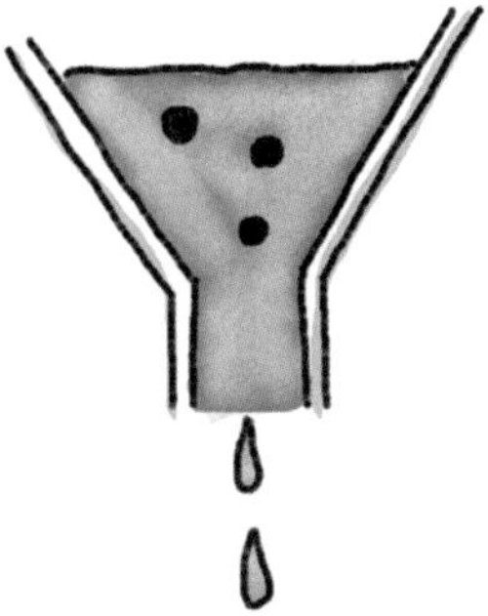

「滴濾式」的代表是濾紙滴濾咖啡。濃縮咖啡和濾布滴濾咖啡也都屬於滴濾。

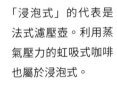

確實掌握咖啡相關知識後，是不是開始想要蒐集各種咖啡器具呢？

在這個章節中，我將陸續為各位介紹咖啡相關器具，但在那之前，我們先複習一下咖啡沖煮方式。咖啡沖煮器具五花八門，但沖煮方式大致分為「滴濾式」與「浸泡式」二種。

所謂沖煮咖啡，是指將咖啡豆成分溶入熱水中，因此最重要的關鍵在於「如何將熱水和咖啡粉混合在一起」。

熱水間歇性地通過咖啡粉以提取咖啡液的方式稱為「滴濾式」，而將熱水和咖啡粉混合在一起以提取咖啡液的方式則稱為「浸泡式」。

在「滴濾式」中，咖啡粉層層堆疊，再透過熱水本身的重量和壓力將咖啡成分萃取至熱水中。另外，由於不斷有乾淨的熱水通過咖啡粉，所以藉由控制熱水通過速度，可以調整咖啡液濃度。提取咖啡有效成分能力比較強，建議使用中粗研磨～中細研磨的咖啡粉。

至於「浸泡式」，則是將咖啡粉倒入熱水中直接混合在一起的萃取方式。浸泡式在萃取初期的濃度相對較高，而一旦熱水裡的咖啡成分呈飽和狀態時，咖啡成分便難以再溶入熱水中。因此為了讓咖啡大面積接觸熱水，建議使用細研磨的咖啡粉。

比較兩種萃取方式，浸泡式的咖啡液比較容易留有細粉，而滴濾式則相對較少。

大家可依個人喜好選擇味道濃度與沖煮方式。

POINT

混合咖啡粉與熱水的方法很重要。根據偏好口味與沖煮方法選擇適當方式。

愈深入了解愈感深奧的萃取原理

深入了解滴濾式與浸泡式

全世界的咖啡愛好者構思各式各樣的咖啡沖煮方法

熱愛咖啡的前輩致力於反覆研究，我們現在才得以有各式各樣的沖煮方式和流派。

從咖啡粉和熱水接觸方式的角度來看，大致可分為浸泡式與滴濾式二種，先前（P84）也已經為大家簡單說明過。

接下來我們將詳細解說這二種方式的個別特徵。

在這之前，我們先回顧一下咖啡豆的烘焙。想要喝咖啡，必須先讓咖啡成分轉移至熱水中。但我們如果將整顆咖啡豆浸泡在水裡，不論浸泡多久，水分還是無法滲透至咖啡豆內部。因此我們必須**研磨咖啡**

研磨咖啡豆
使用名為磨豆機、咖啡豆研磨機的器具將咖啡豆研磨成粉。

萃取
萃取是指透過有機化合物等從固體或液體中提取某種特定物質。套用於咖啡上，則是藉由熱水通過咖啡粉以溶解咖啡成分至熱水中。

豆，磨成小顆粒（咖啡粉），才能有效率地讓咖啡成分轉移至熱水中（萃取）。

以糖漬水果酒的概念
確實浸泡於水中的「浸泡式」

「浸泡」或許不是所有人都很熟悉的詞彙。以料理來說，煮飯前將米浸泡在水裡、釀造水果酒時，將水果浸漬在基底蒸餾酒中，使水果成分萃取至酒中。

而套用於咖啡上，則是將咖啡粉浸泡在熱水中，靜置一段時間以萃取咖啡液的浸泡式咖啡。

具體方法是使用法式濾壓壺等將咖啡粉浸泡在熱水中，讓咖啡豆裡的成分轉移至熱水。而這些成分就是咖啡香氣、甜味的由來。

使用法式濾壓壺時，由於無法以濾茶器或篩網過濾咖啡液中的細粉，所以建議萃取後靜置一段時間。

然後將金屬濾網貼於液面上，輕輕倒入杯中，盡量不要讓細粉跟著咖啡液流入杯中。如此一來就能完成一杯清澈見底的美味咖啡。

熱水通過時萃取咖啡成分的「滴濾式」

接下來是「滴濾」。從字面上來看是指「穿過內部滴下來」的意思。將熱水注入咖啡粉中，在地心引力作用下，熱水通過層層咖啡粉並讓咖啡成分溶入熱水中，然後經過濾層滴入容器中。

特色是所需時間比浸泡式來得短，還可以藉由過濾網和層層咖啡粉本身確實過濾**咖啡油脂**和細粉。滴濾到最後就能品嚐一杯既清澈又清爽的美味咖啡。

由於咖啡液一滴一滴落下（Drip），所以取名為滴濾式咖啡。

充滿玩心去蕪存菁的萃取方式

浸泡式和滴濾式各有各的優點和缺點。於是，將兩者優點組合在一

咖啡油脂

咖啡豆表面往往看起來十分油亮，這其實是來自豆子本身含有的油脂。而油脂的成分之一是三酸甘油酯。

起，「去蕪存菁」的萃取方式出現了。

2005年登場的新開發萃取方式就是「愛樂壓」。外觀看似一支大型注射筒，將咖啡粉和熱水倒入壺身並確實攪拌混合，然後再以壓筒擠壓空氣，穿透濾蓋萃取咖啡液。

如此獨特的設計並非出自專業的咖啡器具製造商，而是一位非咖啡老饕的飛盤玩具公司的老闆。雖然在設計上充滿玩心，卻可以在短時間內確實萃取咖啡成分，製作一杯厚實且濃郁的美味咖啡。

除此之外，「浸泡式濾杯」也隨之問世了。這種濾杯的下方有個活塞閥設計，可以暫時將熱水和咖啡粉都留在濾杯中，讓兩者充分融合在一起。另一方面，濾杯裡裝有濾紙，可以確實過濾細粉，萃取濃郁且無細粉的咖啡液。接著將濾杯置於杯子上，然後開啟活塞閥，咖啡液自然緩緩流入杯中。

TIPS FOR GOOD COFFEE

追求極致的濾紙滴濾式咖啡

雖然方法很簡單，但每次嘗試都有新鮮的發現與驚喜，讓人不厭其煩的濾紙滴濾式咖啡。器具種類多樣化，也相對便宜，當作興趣蒐集也是蠻有趣的事。

手沖咖啡壺的材質五花八門，像是珐瑯或不鏽鋼等，設計方面也是千變萬化，就連顏色也極為豐富且講究，大家可以搭配家裡的裝潢進行挑選。

【一體成型電熱水壺】

【珐瑯材質】

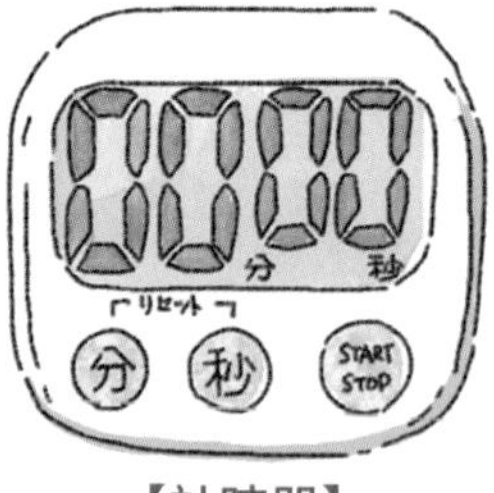

【計時器】

如果家裡有廚房用計時器，做起事來更加方便。需要時間管理時，建議養成設定計時器的習慣。

隨著知識逐漸充實，也體驗了咖啡的魅力，大家是不是覺得愈來愈有趣了呢？接下來為大家介紹一些如何讓濾紙滴濾式咖啡變得更美味的便利輔助器具。

手沖濾紙滴濾式咖啡需要使用濾杯和濾紙。器具、咖啡豆、熱水溫度、咖啡粉研磨程度（顆粒粗細）、烘焙程度等每個元素錯綜複雜地交織在一起，才能決定每一杯咖啡的味道，這種精緻的作業充滿無窮魅力。想要沖煮理想中的味道、喜歡且安定的味道，練習是不可或缺的。

為了改善自己的手沖技術，偶爾還是需要前往咖啡館，見習專業的手沖滴濾技術。他們所使用的手沖壺真的非常棒。

讓熱水像細線或點滴般從壺嘴緩緩落下的模樣真的是架勢十足。而且市面上也有許多諸如琺瑯材質等充滿魅力且漂亮的專業手沖咖啡壺。

居家手沖咖啡，電熱水壺其實已經很夠用了，但備有一個專業手沖咖啡壺的話，可以輕鬆調整注入熱水的大小快慢。控制熱水的流速、分量和注入場所，進一步分析最後所得到的味道，從中找出自己最喜歡的風味，這其實也算是一種充滿樂趣的探索。

另外，市面上也有一種「一體成型電熱水壺」，原本就配備有細長壺嘴的設計。

最後是計時器。您可以使用手機內建的計時功能，也可以買一個字體大，方便一眼看得到時間的數位式定時器。

POINT

必要時逐一備齊所需器具
也是一種樂趣。

濾紙滴濾式咖啡的各式器具

咖啡專賣店和網路商店販售各式各樣材質、大小的濾杯。仔細觀察會發現每種濾杯的洞孔數和杯體設計都不盡相同。大家可以蒐集幾種，比較一下各種濾杯的不同特色。

[洞孔數]

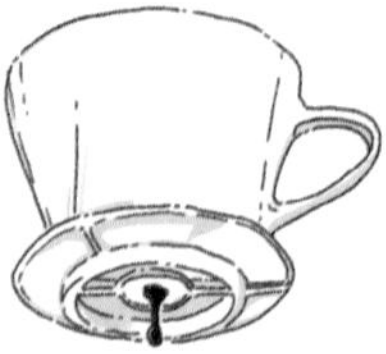

熱水濾出速度比較慢，熱水接觸咖啡粉的時間相對較長，能夠萃取味道較為濃郁的咖啡。

熱水濾出速度比較快，熱水接觸咖啡粉的時間相對較短，能夠萃取味道較為清淡的咖啡。

[材質]

雖然比較重，但顯得較有品味。因為容易破裂，使用時請格外留意。保溫性比塑膠材質好。

塑膠材質輕巧便利，導熱慢且散熱快，適合用於溫度控管。價錢相對便宜，用來蒐集比較沒有負擔。

[形狀]

錐形濾杯的濾出水流快，可以沖煮一杯清爽口味的咖啡。全世界咖啡師都偏好使用錐形濾杯。

注入熱水後，能使咖啡粉完全浸透再濾出咖啡。咖啡味道厚實且濃郁。

內側有獨特設計的溝槽。熱水和咖啡粉均勻接觸，就算是初學者也能沖煮出穩定口感的咖啡。

濾紙滴濾式咖啡所使用的濾杯是1908年一位德國女性梅莉塔·斑姿（Melitta Bentz）的發明。有效防止咖啡粉掉入杯中，打造透明清澈且更加美味的咖啡。

不久之後，日本也開始製造濾杯，HARIO、KONO、KALITA等日製品牌濾杯陸續問市。有些濾杯甚至深受全世界的咖啡師熱愛。

如今市面上看得到各式各樣材質、大小、設計的濾杯。咖啡味道因濾杯而異，請大家務必掌握各種濾杯的特色，打造「自己最喜歡的味道」。

比較重點如下所示。

POINT

依洞孔數和材質等的互相搭配，讓味道充滿無限可能！

【洞孔數】

·1個洞孔：熱水濾出速度比較慢，能夠萃取味道較為濃郁的咖啡。洞孔愈大，流速愈快。

·3個洞孔：熱水濾出速度比較快，能夠萃取味道較為清淡的咖啡。

【材質】

·陶瓷：漂亮但比較重。導熱慢，建議使用前先溫杯。

·塑膠：便宜又輕巧，容易穩定萃取溫度，不容易摔破。

【形狀】

·梯形：濾出水流速度慢，能夠萃取厚實且濃郁的咖啡。

·錐形：濾出水流速度快，能夠萃取清爽口味的咖啡。

·波浪形：與濾紙接觸面積少，濾出水流速度適中。

依個人喜好挑選法式濾壓壺

歐洲流行使用法式濾壓壺。可以清楚看到透明玻璃容器中，咖啡成分逐漸溶入水中，整體顏色慢慢變成咖啡色，看來有趣，喝來美味。

簡約的【BRAZIL】法式濾壓壺

經典的【CHAMBORD】法式濾壓壺

外觀設計雖然五花八門，但構造原理都一樣，請依所需分量挑選適合的法式濾壓壺。基本上只要挑選自己喜歡的顏色、款式就 OK 了。

法式濾壓壺是浸泡式咖啡的代表器具。容器由厚玻璃筒狀壺身、分離咖啡粉與熱水的拉桿式濾壓器（金屬過濾網）構成。**使用方法很簡單，倒入咖啡粉、注入熱水、靜置悶蒸數分鐘後將濾壓器輕輕下壓至底部就可以了。**

法式濾壓壺的特色之一是容易控制熱水和咖啡粉的接觸時間，這也是法式濾壓壺的智慧所在，徹底解決不擅長使用濾紙滴濾法的問題。

具體而言，喜歡清淡味道的人，可以減少咖啡粉用量，或者使用粗研磨咖啡粉。反之，喜歡濃郁味道的人，可以增加咖啡用量，或者使用細研磨咖啡粉。

只要咖啡豆研磨程度、熱水溫度、靜置悶蒸時間都相同，每次都能沖煮出同樣味道的咖啡，這也是法式濾壓壺非常有意思的地方。

丹麥的BODUM公司以製造法式濾壓壺而聞名。1944年以批發業起家，1958年起開始製作自家的原創商品。在日本因精品咖啡的先驅丸山咖啡（丸山珈琲）帶頭使用而引起一陣熱潮。多數商品充滿北歐設計風，簡約又耐看，擺在廚房也能為整體空間增色許多。尺寸和顏色相當多樣化，但基於只需要將咖啡粉「浸泡」在熱水中，大家選擇自己喜歡的設計就好。以下列舉二種最常見的商品，一是以法國古城「CHAMBORD」命名的法式濾壓壺，外型簡約優雅，沒有多餘的累贅設計。一是以咖啡產地「BRAZIL」命名的法式濾壓壺，這系列的商品也非常典型又好看。

POINT

無論是穩定的味道或充滿變化的味道，
使用法式濾壓壺都相對容易控制。

重新審視咖啡器具的輔助功用

從零專業器具起步，到是時候開始蒐集必要器具。有不少咖啡器具都充滿無限魅力，但磅秤、濾紙等看似不起眼的輔助器具也不容輕忽。

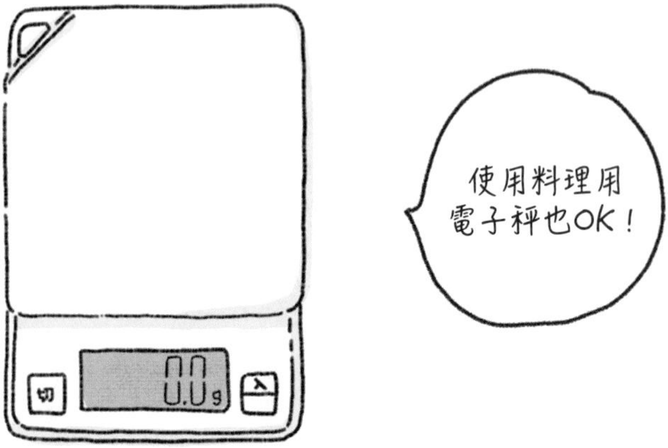
使用料理用
電子秤也OK！
0.0g

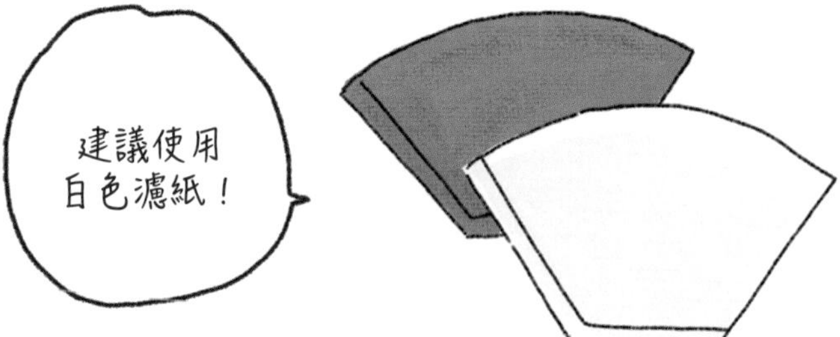
建議使用
白色濾紙！

想喝咖啡時，若無法隨手取得沖煮相關器具，衝勁和動力很可能瞬間被澆熄，所以平時也得備妥濾紙才行。

烹飪亦是如此，只要按照食譜正確量測材料分量並逐步操作，成為料理達人將不再是夢想。

一般而言，缺乏經驗的人往往容易無視規定的分量，或者自行省略必要步驟。除此之外，明明技不如人，卻還要「這樣做應該變好喝」自作聰明地調製花式咖啡，但這些都是不行的。

想要咖啡好喝，勢必得回歸基本·常規。其中最重要的就是分量的秤重。使用最小測量單位為1g，最大測量單位為1kg的一般磅秤，建議大家選購一台電子磅秤。

偏好專業器具的人，可以評估一下選購一台可同時量測重量和萃取時間的咖啡專用磅秤。

而利用這個機會，也重新研究一下手沖滴濾咖啡時不可或缺的濾紙。

POINT

多用點心思在這些不起眼的器具，居家咖啡也會變得與眾不同。

目前您所使用的濾紙是什麼顏色的呢？

濾紙分為漂白濾紙（白色）和無漂白濾紙（棕色）2種。推薦大家使用紙味較不明顯的漂白濾紙。如果還是介意紙味，可以在倒入咖啡粉之前先用熱水沖濕濾紙。

咖啡器具琳瑯滿目，有些充滿無限魅力，有些則是方便使用。無論使用新器具或改變分量，一次只能有一個變數。固定其他要素，進行「使用新器具或材料時，操作性和味道會有什麼改變」的驗證，這樣才能讓每樣器具和材料發揮最大功效。

漫畫 您或許不需要磨豆機

我、我的高級咖啡豆…
豆子…
這段時光我很開心…
沒想到磨豆機這麼重要…
我原本以為磨豆機只是個視覺氛圍用的東西。
我也可以研磨咖啡豆的…
如果磨豆機無法滿足我的需求，那我是不是只能喝那種差強人意的咖啡？
差強人意
咖啡豆也是…我也是…
沒錯。
正如妳所說。
不過，有解決方法喔。
請交給我處理吧！
購買咖啡豆時請店家幫忙研磨！
原來還有這一招！
店員對咖啡豆瞭若指掌，
我什麼都不懂。
有任何問題都可以請教他們。
好的
他們會以專業的眼光，根據妳的沖煮方式幫妳研磨咖啡豆。
使用濾布的話，要研磨成這種程度等等。

喝咖啡之前再磨豆最為理想。
有各式各樣的磨豆機！
電動磨豆機
手動磨豆機
但先決條件是妳必須先有一台高功能磨豆機。
妳可以配合自己的生活模式，
或者依個性選擇一台合適的磨豆機。
如果是我的話…
要給我嗎？
雖然很嚮往手搖式磨豆機…
但……實際上可能電動的比較適合我…
快遲到了！
看來還是電動磨豆機比較適合妳。
不過呢，磨豆機的種類真的是五花八門。

刀片形狀琳瑯滿目，價格也會因此有所不同。
性能較差的磨豆機，研磨出來的顆粒大小不一，甚至可能出現微粉…
米粉？
米粉
就是不好喝的意思。
不然這台電動磨豆機看起來還不錯？
物超所值磨豆機
好喝喔！
5000 YEN
外型輕巧
研磨速度快！
專業好味道！
這個？
只要5千日幣
不行！
既然要買的話，少說也要買個數萬日圓的磨豆機。
想知道我推薦的品牌嗎？
雖然貴，但味道頂級！
長年熱銷品！NiceCut電動磨豆機！
好大！
好貴！
好大啊！
直接買咖啡粉，並且盡早喝完，這種方式還是比較適合我！
對我的錢包也比較友善！
ぎゅうぎゅう

COLUMN

井崎咖啡師的閒談④

罐裝咖啡？寶特瓶瓶裝咖啡？

超商咖啡強勢崛起的情況下，罐裝咖啡的市場並沒有因此引起太大的波瀾。

這是因為邊抽菸邊喝罐裝咖啡的需求量減少了。但取而代之的是攜帶性較強的寶特瓶瓶裝咖啡。

主要原因是三得利的 CRAFT BOSS 改變了市場。不再是一扯開拉環，必須一飲而盡的罐裝咖啡，而是改成可以一點一點慢慢喝的寶特瓶瓶裝咖啡。

為了滿足大眾喜歡一點一點慢慢喝的習慣，咖啡味道變得相對淡薄。濃度低且順口，味道也不會隨著時間流逝而變調。寶特瓶瓶裝咖啡成功彌補了罐裝咖啡「沒辦法帶著走，必須一口氣喝光」的缺點。

在寶特瓶瓶裝咖啡開始流行之際，「猿田彥咖啡（猿田彥珈琲）」、「丸山咖啡（丸山珈琲）」等大品牌也跟進推出寶特瓶瓶裝咖啡。喬亞(GEORGIA) 罐裝咖啡曾經由猿田彥咖啡擔任監製，商品設計十分有巧思，冰咖啡的香氣和味道也完全不輸咖啡館，喝完有種滿足感。

另外，也請大家務必關注瓶身設計。瓶口略大，瓶身矮矮胖胖，這種形狀更能使香氣在一開瓶時瞬間沁入鼻中。

如此優質的咖啡品牌變身成瓶裝咖啡是開始於美國。

「Stumptown Coffee Roasters」是美國一家有名的咖啡烘焙零售商。名氣之大足以影響整個美國的咖啡趨勢。正是這家公司率先販售冷萃咖啡，也就是冷水浸泡式罐裝咖啡。

這項商品一推出，瞬間造成搶購熱潮，也因此吸引其他品牌廠商開始效仿，並且陸續推出各式各樣商品。

美國的咖啡進化相當驚人，也是全球第一個將植物奶加入咖啡中，打造多樣化特調咖啡的國家。

其中添加夏威夷豆奶和椰奶的特調咖啡尤其受歡迎。具獨創性的商品接連上市，不僅帶動買氣，也讓更多人樂於享用高品質咖啡。

瓶裝咖啡也曾經有「便宜沒好貨」的時期，但現今的技術和流通方式推陳出新，品質已經提升至不亞於正統咖啡的程度。

咖啡就這樣隨著人們的生活模式不斷演變進化，令人期待。

第4節課

邂逅命運中的味道
挑選咖啡豆的方法

喜歡苦味還是酸味？

為了與最棒的咖啡豆相遇，首要之務是「了解自己的味道偏好」。平常的飲食中，自己喜歡酸味系列，還是苦味系列的食物呢？

我喜歡自然酒（natural wine），咖啡的酸味應該很合我的口味！

你的味覺偏向哪一種呢？

偏苦味的味覺	偏酸味的味覺
喜歡充滿蛇麻苦味的啤酒	喜歡自然酒
喜歡黑巧克力	喜歡牛奶巧克力
喜歡魚、肉等烤焦的部位	喜歡發酵食品

早上的咖啡很美味，如果能夠有「這個這個，就是這個味道！」的感覺，那每天都會有小確幸。為了這個幸福感，首要之務是「掌握自己喜歡的味道」。

雖然筆者多年來持續研究生豆的香味和烘焙豆的香氣，但關於烘焙過程中會產生什麼樣的成分，至今還有許多未明之處。不過，化學作用的原理既複雜又精細，會產生如此獨特的迷人香氣也是理所當然的事。

烘焙豆含有豐富且複雜的風味，水果系列、花系列、堅果系列、香料系列等等。但能夠精準以「水果系列」、「花系列」表現咖啡味道的人，其實需要經過特別訓練。

基於這樣的緣故，挑選咖啡豆前，我們先從簡單的「苦味」和「酸味」二大類中找出自己的偏好。

首先，先從了解自己喜歡的口味開始。喜歡苦一點，還是酸一點呢？

平常喜歡吃巧克力、喝帶有苦味的啤酒，這類型的人應該比較偏好苦味強烈的咖啡。

另一方面，喜歡發酵食品或自然酒的人，可能會覺得酸味明顯的咖啡比較好喝。

苦味對人類來說，是一種容易讓人聯想到上癮的味道，因此根據自己的飲食經驗，以及是否針對苦味的耐受度進行過訓練，每個人對苦味的接受程度會有所不同。

POINT

從喜歡的食物和飲料中確實掌握自己的味覺。

TIPS FOR
GOOD
COFFEE

偏好苦味的人挑選咖啡豆

喜歡苦味的人，請先嘗試店裡最苦的咖啡豆。若覺得無敵美味，恭喜達標。覺得太苦，請嘗試店裡第二苦的咖啡豆。覺得再苦一點比較好，那就換家店。透過這樣的方式不斷摸索尋找。

享用苦味較強烈的咖啡時

- ☑ 搭配黑巧克力一起享用
- ☑ 搭配奶油滿滿的甜點一起享用
- ☑ 濃郁餐點後轉換口味時享用
- ☑ 搭配牛奶一起享用

請給我最苦的咖啡豆。

接下來，讓我們模擬一下到店裡挑選咖啡豆的情景。首先為喜歡苦味的人挑選咖啡豆，前往超市或咖啡豆專賣店都可以。

進到店裡，請向店員詢問「請給我最苦的咖啡豆」。假使沒有人可以詢問，請直接挑選包裝袋上寫著「深度烘焙」的咖啡豆。若是能夠協助烘焙咖啡豆的專賣店，則請購買客製的「最深烘焙咖啡豆」。

買回家後沖煮一杯品嚐，若覺得無敵美味，那恭喜你成功找到自己喜歡的咖啡豆。

若「覺得太苦」，再次回到那家店挑選第二苦的咖啡豆。

若「覺得再苦一點比較好」，由於那家店已經無法提供苦味等級再高的咖啡豆，建議換家店重新尋找苦味咖啡豆。

透過這樣的方式確認「自己對苦味的耐受程度」。另外一個目的則是掌握該店的咖啡豆種類與味道的廣度。而挑選店鋪也是尋找命運之豆的重要因子之一。

如此一來，經由尋找命運之豆的過程，才會逐漸發現「深焙的藝伎咖啡豆好好喝」、「好喜歡哥倫比亞的深焙咖啡豆」等等。

以苦味為主軸廣泛接觸各種品牌的咖啡豆，從中尋找味覺和感受都符合自己條件的命運之豆。

另一方面，除了苦味要素外，我們也可以從中深入理解咖啡豆味道會因咖啡豆生產處理方法的不同而有所差異，也會因品種而不同。

POINT

喜歡苦味也要有所限制。
先掌握自己對苦味的耐受程度。

TIPS FOR
GOOD
COFFEE

偏好酸味的人挑選咖啡豆

喜歡酸味的人，可能也會喜歡淺焙咖啡。嘗試店裡最酸的咖啡豆，若覺得美味，恭喜達標。覺得太酸，請嘗試店裡第二酸的咖啡豆。覺得再酸一點比較好，那就換家店。

享用酸味強烈的咖啡時

- ☑ 添加蜂蜜，細細品嚐香氣
- ☑ 搭配水果製作的甜點一起享用
- ☑ 早上起床時喝一杯！

請給我最酸的咖啡豆。

咖啡豆也有等級之分，據說目前品質最高級的是「精品咖啡豆」。雖然沒有明確的定義、規格和認證，但大家只要將其了解為「從栽種到沖煮方式都經過嚴格品質管理且具有獨特風味與味道的咖啡豆」就可以了。

在大家對精品咖啡豆趨之若鶩之際，漸漸地也對咖啡豆裡的酸味產生莫大關注。過去大家總對咖啡豆的「酸味」抱持負面印象，認為酸味是「氧化」造成。但咖啡豆其實是咖啡樹的果實，果實成熟後採收，然後經加工處理、烘焙、萃取，我們才得以享用舒服有質地的酸味。

如果平時喜歡吃酸的食物、喝酸的飲料，或許蠻適合酸味較為強烈的咖啡豆。

挑選咖啡豆的步驟如下所示。

❶挑選店裡最酸（淺焙）的咖啡豆。

❷若覺得不夠酸，換家店採買最酸的咖啡豆。

❸覺得太酸，回到第一家店❶，選購店裡第二酸的咖啡豆。

尋找新的店家和咖啡豆，肯定能夠讓生活變得更充實。而且最近也有許多咖啡店開始經營網購平台。一旦找到感興趣的店家，建議嘗試他們提供的「試喝組合」或「比較組合」，也就是少量但多種咖啡豆的組合系列。除此之外，三不五時就經常會有全日本咖啡店聚集的快閃活動，大家也可以利用機會在會場試喝並進行比較。偶爾也會舉辦線上活動。

POINT

確認酸到什麼程度才覺得是美味的咖啡。

咖啡的味道來源

了解咖啡的苦味、酸味真面目

咖啡苦味從什麼成分而來？

大家都以為「造成咖啡味道苦澀的原因是咖啡因」。咖啡因確實有苦味，但並非咖啡苦味的主要來源，無咖啡因咖啡同樣會苦。咖啡豆有多種成分會產生苦味。

隨著研究的進展，科學實驗證明咖啡苦味來自於**綠原酸**所製造的褐色色素。

那麼，酸味又打從哪裡來的呢？

烘焙前的咖啡生豆含有**檸檬酸**等與酸味有關的成分，但這些並非咖啡酸味的來源。咖啡的酸味其實來自於烘焙過程中產生的**奎寧酸**。

綠原酸 (chlorogenic acid)
咖啡果實中含有許多綠原酸，烘焙後會產生苦味。除了咖啡豆，牛蒡也含有綠原酸。

檸檬酸 (citric acid)
柑橘類果實中也含有檸檬酸。帶有清爽的酸味。

奎寧酸 (quinic acid)
奎寧樹（茜草科常綠灌木）樹皮等含有奎寧酸。帶有些許酸味。

烘焙程度與酸味之間的關係？

咖啡的苦味與酸味因咖啡豆品種、品質和烘焙方式等而異。咖啡豆一經烘焙會立即產生酸味，但烘焙時間愈長，酸味愈淡，取而代之的是苦味。換句話說，烘焙程度淺，酸味愈強，烘焙程度深，酸味愈淡。不過，酸味的出現方式會因咖啡豆品種而有所不同。

喜歡咖啡帶清爽酸味的人，建議選擇淺焙咖啡豆；喜歡咖啡帶苦味的人，則建議選擇深焙咖啡豆。

優質酸味與酸化味道有何差異？

隨著近年來咖啡熱潮的興起，酸味系列的咖啡逐漸引起熱烈迴響。另一方面，大家往往都有「酸味＝酸化」的印象。事實上，咖啡豆經烘焙後，每接觸一次空氣中的氧氣，品質就會愈來愈差。到最後容易產生令人感到不悅的酸味。而喝在嘴裡感到很舒服的酸味，大致上就是**優質酸味**。

優質酸味
我們常會以柑橘或檸檬等的舒服的酸味來表現咖啡的酸度。

先確認烘焙程度

自己挑選咖啡豆

接下來，讓我們一起去採買咖啡豆吧。

生活圈內若有販賣咖啡豆的咖啡館、咖啡廳或自家烘焙咖啡豆專賣店，那就再好不過，但其實只要有超市就已足夠，近年來還有非常方便的網路購物。

確認咖啡豆烘焙程度，其次是生產國

陳列於店內架上的一袋袋咖啡豆，最先映入眼簾的應該是**烘焙程度**。**深度烘焙**、**中度烘焙**和**淺度烘焙**。

大致的辨別方式是「深焙偏苦，淺焙偏酸，中焙則介於中間」。

大家可基於「自己平時喜歡苦味啤酒，或許適合苦味強烈的咖啡豆」的概念自行採買咖啡豆沖煮。

烘焙程度

烘焙程度由淺至深依序是❶淺烘焙、❷肉桂烘焙、❸中度烘焙、❹深度烘焙、❺城市烘焙、❻深城市烘焙、❼法式烘焙、❽義式烘焙，共8個階段。❶❷是淺度烘焙，❸❹是中度烘焙，❺～❽是深度烘焙。沒有硬性規定，基準依店家而異。

確認完烘焙程度，其次確認生產國。雖然超市販售的咖啡豆價格相對便宜些，但也都明確標示生產國等相關資訊。

最常見的生產國包含巴西、哥倫比亞和衣索比亞等。大家可以參考「朝會　透過角色人物認識咖啡豆」章節中介紹的咖啡豆生產國和味道特徵。出門前先複習一下，相信大家肯定會因為「啊，就是那種咖啡豆。果然如書上所寫，充滿水果的香氣和風味」有個概念而增添不少選豆樂趣。

從架上咖啡豆得知季節更迭

挑選咖啡豆其實有理論依據。能夠遇見想像中的味道，找到自己偏好的咖啡豆，那的確令人感到開心，但偶然中巧遇不一樣的咖啡豆也是非常美好的邂逅。

畢竟咖啡豆也是農作物。會受到當年收成的好壞、**季節與收穫期**等種種因素的影響。

咖啡豆專賣店裡陳列的咖啡豆並非終年一成不變，應該會隨著季節

季節與收穫期
各個生產國的咖啡豆收穫期不盡相同。以中美洲的咖啡豆為例，實際情況會受到庫存量和進口方式的影響，因此上市時間大約是夏～秋季。

而改變。

以哥倫比亞等中美洲的咖啡豆為例，由於12月才開始收成，經脫殼等加工處理後出口至各個國家，大約是隔年秋天左右才會出現在店家的陳列架上。

這就是所謂的「咖啡豆的季節」。

只要仔細觀察店裡「新上市」宣傳的咖啡豆生產國與品牌，便能知道咖啡豆的季節，而這也不嘗是一種樂趣。

這同樣意謂就算認為「這種咖啡豆最棒」，也會有當年庫存告罄的情況發生。因此，如果還沒有中意的生產國或品牌咖啡豆，建議嘗試店裡的新上市咖啡豆。或許您會從中發現「哥斯大黎加或哥倫比亞等中美洲的咖啡豆比較貼近自己偏好的口味」。

根據咖啡豆的加工處理方式選豆

心裡盤算著「這次要買衣索比亞咖啡豆」而出門。但店裡如果陳列數種衣索比亞咖啡豆，接下來的挑選依據應該就是**加工處理**（精製法）。加工處理方法很多，例如「**水洗法**」、「**日曬法**」等，這也可以成為尋找味道的一種線索（詳細內容請參照P116）。完全不懂也沒有關係，試著採買數種咖啡豆，從中慢慢摸索，或許會有諸如「自己覺得美味的咖啡，多半是經過日曬處理的咖啡豆」等的新發現。

加工處理
從果實（咖啡櫻桃）中取出咖啡豆，然後經乾燥、脫殼等作業製作成咖啡生豆，這個過程稱為加工處理。

水洗法
將採收的果實浸泡在水裡的加工處理方式。

日曬法
將採收的果實直接曝曬於陽光下曬乾的加工處理方法。

咖啡豆的加工處理是決定味道的關鍵

直接曬乾或浸泡水中，味道南轅北轍！

加工處理主要分為2大類

除了生產國和烘焙以外，加工處理也是影響咖啡豆味道的因素之一。所謂加工處理，是指從果實中取出種子，剝除外皮後製作成**生豆**的過程。

加工處理方式很多，以各種方式打造多樣化的咖啡豆風味。

主要加工處理方式有以下2種。

・日曬法（Natural Process）

・水洗法（Washed Process）

日曬法是將還帶有果肉的果實（咖啡櫻桃）曝曬於日照下自然乾燥，適合用於日照強且雨量少的地區。

水洗法則是將果實浸泡於水槽裡，果實發酵後去除果肉，之後再進行乾燥處理的方法。由於需要大量用水，水源短缺的地區不適合採用

生豆
經加工處理後的生咖啡豆，由於未經烘焙，無法飲用。

這種方法。

另外還有水洗法與日曬法混搭的**「自然脫除果膠法」**。除了因國家而異，有時也會因地制宜而有多樣化的加工方式與名稱，目前並沒有統一的標準。

最理想的境界是從加工處理方式想像咖啡的味道

諸如「巴西的咖啡豆多半採用日曬處理法」等，每個生產國都有自己的主流咖啡豆加工處理法，而這也會大幅影響咖啡豆**風味**。大家無須想得太困難，也不需要硬背，只要大概具備「自己喜歡的咖啡豆多半採用日曬法」這樣的知識就夠了。巴西多半採用日曬法製作生豆；肯亞和薩爾瓦多多半採用水洗法，而衣索比亞則是二種都很常見。

採用日曬法的咖啡豆，醇度濃厚且香氣濃郁；採用水洗法的咖啡豆，口感較為清爽。

自然脫除果膠法

也稱為半水洗法或半日曬法。先透過機器剔除果肉，但保留黏在種子上的果膠層，接著進行曝曬。哥斯大黎加的「蜜處理法」就屬於這種類型。

風味

食物放入口中時感受到的香氣與滋味等的總稱。換個角度來說，表現出這種效果的物質，也可以稱為風味。

學習表達咖啡的多樣化味道

茉莉花？水蜜桃？探索味覺

來到一家對咖啡品味極為執著的咖啡店時，相信您一定聽過類似「像茉莉花般的香氣」、「讓人聯想到水蜜桃的風味」等表達方式。

實際上咖啡豆裡並沒有添加任何果汁或香料，只是單純因為不同的烘焙程度和獨特酸味而讓人聯想到花香或果香。

「水果系列」、**「花系列」**等表達方式非常多樣化，但別忘記咖啡豆是跨國交易商品。同樣是「像水蜜桃般的香氣」這種表達方式，但事實上水蜜桃的品種和甜度因國家而有所不同，表達方式容易受到各國文化和飲食習慣的影響，因此沒有所謂的絕對。

基於這樣的緣故，為了讓全世界的人擁有感官一致性的語言，專業人士設計了像車輪圖表般的「**咖啡風味輪**（Coffee Taster’s Flavor Wheel）」。其中以美國精品咖啡協會與世界咖啡研究室共同設計的風味輪最為有名。咖啡風味輪為英文版本，網路上搜尋得到，而日本

水果系列
從酸味聯想而來的水果風味表達方式。烘焙程度淺的淺焙咖啡豆比較容易感覺得到這種味道。

花系列
據說咖啡樹的花帶有類似茉莉花的香味，所以有些咖啡豆會散發茉莉花香氣。香氣會隨著烘焙過程而慢慢蒸發，因此淺焙豆比較容易感覺得到茉莉花香。

則有咖啡愛好者特別註記解說，大家可以試著閱讀以增廣見聞。

橡膠或石油的味道？
磨練輕鬆表達咖啡味道的能力

話雖如此，還是請大家不要想得太困難。學習「真有**橡膠或石油的味道**嗎？」的味道表達方式，或者透過與他人飲用同種類咖啡再彼此交流「有水蜜桃味道」、「有威士忌味道」等意見，從中學習如何表達。

以下幾種表達方式，學起來肯定對您有所幫助。

- 水果系列…莓果類、葡萄乾、水蜜桃、柑橘等
- 花系列…茉莉花、玫瑰花、洋甘菊等
- 堅果系列…杏仁、榛果、花生
- 可可系列…巧克力、黑巧克力
- 香料系列…丁香、肉桂、肉豆蔻、茴香等

咖啡風味輪

風味輪為一張圓形的圖表，以相似的具體香氣．滋味來描述咖啡豆的香氣與味道，香氣味道相近的擺在一起。另外像是葡萄酒、威士忌也都各有各的風味輪。

橡膠或石油的味道

關於不好的氣味，通常會以橡膠、石油、木頭、霉味、濕氣味道來描述。

想像綜合豆的味道

我們在咖啡館或咖啡豆專賣店裡經常會看到「綜合咖啡豆」這個詞。所謂綜合豆，是指將數種不同的咖啡豆混合在一起。透過觀察組合配方，可以大致想像得到綜合咖啡豆的味道。

從外包裝想像味道，並透過沖煮加以確認。重複同樣的過程以培養眼力。即使失敗，也可以利用綜合咖啡豆的方式來調整最終美味！

「特級綜合咖啡豆（巴西 · 衣索比亞）」。巴西咖啡豆向來是綜合咖啡豆的固定班底，味道和香氣不會特別搶鋒頭。因此第二種咖啡豆（這裡是指衣索比亞）通常會是主要味道的來源。

目前市面上販售的咖啡豆多為數種混合在一起的綜合咖啡豆。由於配方組合非常多樣化，多數人往往不知道應該怎麼挑選。以下列舉一些必備知識和確認重點供大家參考。

・「○○綜合咖啡豆」的○○若代表咖啡豆產地、品種或品牌，表示該種咖啡豆至少占了30%以上的比例。

・綜合咖啡豆裡的基底豆（寫在前面的種類）通常比較具有獨特個性。多數會使用喝起來較為順口的巴西咖啡豆。

・深焙咖啡豆比較苦，淺焙咖啡豆偏酸，中焙咖啡豆則介於二者之間。

舉例來說，包裝袋上若標示「巴西・衣索比亞」，原則上應該是順口的巴西咖啡豆為基底，搭配香氣較為明顯的衣索比亞咖啡豆。

雖然打著「具厚實與酸味的圓潤滑順口感」的廣告標語，但請大家參考參考就好。親自喝過之後再買其他品牌的咖啡豆進行比較，用自己的五感加以感受。

冠上店家名稱的品牌通常都是該店的「門面」商品，大家可以從這種咖啡豆開始嘗試。

選購時也必須確認烘焙日期。若以常溫保存，最好能在烘焙後2星期以內，品質開始劣化之前喝完。不建議存放太久。

經由嘗試冠上店家名稱的「獨創綜合咖啡豆」，也可以從中了解「專屬於這家店的味道」。

POINT

先從冠上店家名的「○○綜合咖啡豆」開始嘗試吧。

牢記喜歡的咖啡豆特徵

每喝一次就愈貼近「自己的味道」

如P27所說明，現在市面上的咖啡豆多半都是綜合咖啡豆。在這種情況下，包裝袋上所標示的生產國，通常依照咖啡豆含量的多寡依序排列。

挑選咖啡豆的方法很多，由於喝咖啡是個人嗜好，沒有所謂絕對正確的選豆方法，但最容易作為偏好判斷的指標應該是咖啡豆的「生產國」。

大家可以透過在店裡與店員互相交流，在網路上蒐集資訊，然後依自己的判斷選擇來自不同國家的混合咖啡豆。多方嘗試後，應該能夠慢慢掌握自己的偏好，像是「**巴西為主的綜合咖啡豆**比較符合我的口味」、「我覺得**衣索比亞為主的綜合咖啡豆**蠻好喝的」等等。

如果事前已經備有這些概念，即便店裡的選項太多，我們還是可以快速又順利地挑選自己想要的咖啡豆。

巴西為主的綜合豆
巴西咖啡豆向來是綜合豆的固定基底豆。以巴西豆為主的綜合咖啡豆酸味多半不明顯，相對順口好喝。

衣索比亞為主的綜合豆
基於衣索比亞咖啡豆的特色，可以享用高雅迷人的香氣與舒服宜人的酸味。

不建議像「哥倫比亞淺焙豆！」這樣一開始就侷限於單一國家的咖啡豆，還不是非常熟悉也沒關係，隨著多方嘗試，經驗值會慢慢提升。

如果想要進一步深入了解咖啡豆的加工處理和各國栽種情況，建議前往咖啡豆專賣店，相信一定可以獲得更多相關知識與資訊。

除此之外，配合自己的**飲食偏好**挑選咖啡豆也是方法之一。例如，基於「自己喜歡喝偏苦的啤酒，所以帶有苦味的深焙豆或許比較符合自己的口味」的想法而挑選深焙咖啡豆。

在這種情況下，試著前往咖啡店，然後以「想要挑選深焙咖啡豆。在以深焙豆為前提下，什麼類型的特色豆比較適合自己？或許酸味較淺且順口的巴西咖啡豆會是不錯的選擇」這樣的方針尋找適合自己的咖啡豆。

飲食偏好

醋、酸梅等偏酸的食物，黑巧克力或啤酒等偏苦的食物，雖然一開始不適應，但隨著反覆接觸與學習，慢慢會覺得美味，甚至上癮。透過飲食經驗鍛鍊味覺，對於咖啡的偏好也可能有所改變。

TIPS FOR GOOD COFFEE

咖啡味道因水而有所不同

為了讓咖啡豆的風味充分釋放，好水也是不可或缺的重要因素。以日本來說，可以直接使用自來水是一大優點。另外也會介紹使用淨水器時的一些注意事項。

該怎麼選擇沖煮咖啡的水呢？
推薦使用礦泉水！

一杯咖啡的成分幾乎都是水，水的好壞肯定會影響咖啡味道。若要使用自來水，建議先以淨水器過濾。

咖啡是一種將咖啡豆裡的成分溶入熱水中的飲品，內含量幾乎是水。因此，使用什麼樣的水會對咖啡口感有極大影響。

水質的指標依據包含「硬度」（將鈣和鎂的含量數值化）和「pH」（氫離子濃度指數，表示物質的酸鹼度）等數種。

初學者不需要想得太複雜，先從自來水開始就不會有問題。

但筆者建議使用淨水器過濾的自來水，或者熱水煮沸後再稍微滾一下以確實去除水中次氯酸鈣的臭味。

如果「想要沖煮更美味的咖啡」、「想了解不同的水會如何改變咖啡味道」，可以考慮使用礦泉水。

綜觀全世界，日本的自來水其實非常適合沖煮咖啡，但水中成分因地區和季節而稍微有所不同。另外，水中也難免含有氯或水管生鏽的雜質，所以使用礦泉水的話，不僅含硬度在內的水質較為穩定，比起自來水，味道也比較不容易變質。

挑選礦泉水的訣竅在於標示鈣和鎂含量的「硬度」。寶特瓶上的標籤肯定都有詳細記載。

沖煮咖啡最理想的硬度是30～100，超過100的硬度不適合用來煮咖啡。

POINT

使用淨水器過濾的自來水！也可以考慮使用礦泉水。

冷凍保存咖啡豆最為理想！

將咖啡豆置於常溫下，約2星期左右新鮮度開始下降，因此務必留意家用保存方式。根據科學研究結果，咖啡豆的保存方式以「冷凍保存」最為理想！

將咖啡豆裝入良好密閉性與遮光性的封口袋中，抽真空後冷凍保存，理論上可以半永久性保存。若沒有冷凍保存場所，置於冰箱冷藏室也可以。

買來的咖啡豆常溫保存於家裡時，據說2星期左右新鮮度開始下降。如同蔬菜和水果等，必須以適當方式處理保存。

咖啡豆的保存方式有很多種，像是「連同包裝袋放入罐子裡並冷藏保存」、「倒入茶葉罐裡保存」等等。但根據最新科學研究結果，「冷凍保存咖啡豆最為理想」。

而沖煮咖啡時，自冷凍庫取出咖啡豆後可直接使用研磨機磨成粉，不需要事前解凍。在世界咖啡師大賽中，也有一些參賽選手使用冷凍咖啡豆。

但家用冷凍庫通常裝有各式各樣的食材，容易有味道轉移的大問題。但只要事先將咖啡豆裝入密閉性高的保存容器或真空袋中，就可以輕鬆解決這個問題。另外，市面上販售的咖啡豆包裝袋若內側為鋁箔材質且附有夾鏈設計，也非常適合用於保存咖啡豆。只要確實排除空氣並密封好，便能有效使品質劣化速度變慢。

一般家用冷凍庫常有水凝固成細冰且附在食材上的問題，當然這種情形也會發生在咖啡豆上。稍不注意可能會結成厚厚一層霜。為了避免外部空氣跑進去，務必將袋子確實妥善密封。

假設一開始買的是咖啡粉，必須與時間賽跑，盡量在1星期內喝完。

POINT

咖啡豆也是農產品，
像蔬菜一樣處理保存。

咖啡和談戀愛一樣都需要冒險精神嗎!?

享受命運之豆以外的咖啡豆

咖啡的最終目標或許不是「喝」，而是仔細且謹慎沖煮以安定內心的**正念**行為。

愈來愈多人為了充實咖啡相關知識而想要了解咖啡豆生產國、沖煮方式和磨鍊技巧，但我想因為咖啡是「認真過生活」的象徵而趨之若鶩的人應該也不少。

據說新冠肺炎疫情蔓延的影響下，「咖啡因攝取量較前年增加120%」。這種趨勢可說是在資訊量暴增的時代裡，大家渴求心靈平靜的證據之一吧。

找到符合自己味覺、感覺的咖啡時，**QOL**會急速上升。舉例來說，在網路平台不經意買到喜歡的咖啡豆，每次沖煮時都會因為「就是這個味道！」的美味感受而覺得人生是快樂、幸福的。

正念
全心全意專注在當下瞬間的思考、行動、身體反應等的狀態。

QOL
生活品質（Quality of Life）的簡稱。包含對生活價值、幸福感等精神層面的主觀感受。

想得簡單點，其實什麼樣的咖啡豆都可以

關於**挑選咖啡豆**，在確信「這就是最棒的咖啡豆」之前，往往需要很長一段時間的磨合，因此常有人中途放棄。然而只要耐著性子持續尋找，肯定會遇見命運中的咖啡豆。

另一方面，就算遇見命運中的咖啡豆，相信仍有不少人偶爾想要冒險一下。好比戀愛，不要對喜歡的異性（或同性）窮追不捨，偶爾也要將眼光放在不同類型的人身上。建議大家偶爾來一次味覺大冒險。「自認為喜歡苦味系列的咖啡豆，但嘗試酸味系列的咖啡豆後，卻一試成主顧」這樣也是不錯的完美結局。

得不到的永遠最美，總要去嘗試才會知道好壞。戀愛路上的冒險總是驚險百出，但挑選咖啡豆是不會有什麼大風險的！

挑選咖啡豆

商品的替換率很高，因此架上咖啡豆品牌經常更換的咖啡豆專賣店，應該都是不錯的店家！

COLUMN

井崎咖啡師的閒談⑤

即溶咖啡也有精品咖啡的品質

在新冠肺炎流行期間，即溶咖啡的銷售量大幅成長。除了想要自己手沖咖啡而買了咖啡豆自己研磨、自己沖煮的人增加不少，簡單又方便的即溶咖啡也成了每個家庭的必備民生物品。對不想費時費力手沖，但又想喝咖啡的人來說，即溶咖啡真的是最佳得力助手。

即溶咖啡不等同於懶惰。以泡茶為例，有人使用茶壺，用心投茶、注水、出湯，但另一方面，使用茶包泡茶的人也不在少數。我認為即溶咖啡和使用茶包沒什麼兩樣。

任何人都能輕鬆沖煮，隨時隨地都喝得到美味咖啡。但先決條件是務必遵守包裝袋上的指示。沒有什麼特別的訣竅，最重要的就是按照指示添加所需熱水量。

相信大家應該多少聽過「加一些在咖哩醬中」、「少量添加在麥茶裡增加香氣」等將即溶咖啡當作提味用的調味料，而我個人則是經常使用即溶咖啡製作甜點。

例如義大利的招牌甜點阿法奇朵(Affogato)。首先，將即溶咖啡溶解在30毫升的熱水中，沖煮成濃縮咖啡的濃度，接著淋在冰淇淋上就完成了。

另外，我也經常自製咖啡香蕉奶昔。由於我不喝牛奶，所以使用燕麥奶或杏仁奶。將植物奶、冷凍香蕉、優格倒入果汁機或食物調理機中攪拌至滑順。正統的咖啡香蕉奶昔添加的是濃縮咖啡，但我為了節省時間，通常會使用即溶咖啡。

即溶咖啡的世界隨時都在更新，推陳出新的美味往往讓人驚艷到瞠目結舌。精品咖啡等級的即溶咖啡問世，更是咖啡界獨具特色的大事件。只需要將咖啡粉溶解在熱水中，便能立即享用精品咖啡品質的美味咖啡。

即溶精品咖啡最早流行於美國，最近這把火也燒到日本了。目前最引起熱烈討論的是發展於名古屋的「TRUNK COFFEE」和「INIC coffee」。這兩款商品雖然是粉末狀的即溶咖啡，但溶解在熱水中時，瞬間飄散一股猶如濾滴式咖啡的香氣與風味。從東京清澄白河捲起的第三波咖啡浪潮——藍瓶咖啡也不甘示弱地推出具有精品咖啡品質的即溶咖啡。

第5節課

多樣化特調咖啡的享用方法

漫畫　藉由咖啡，自由徜徉於和平世界

添加牛奶的拿鐵咖啡「LATTE BASE」。
哇啊，好期待！
甜的飲料最棒了，添加砂糖、蜂蜜都行，
使用家裡有的材料就好！
但是，我正在減肥…
熱量會太高…
也可以使用沒有熱量的**天然甜味劑**。
沒有罪惡感！
ワー
赤藻糖醇
羅漢果糖
全世界的人都能自由享用特調咖啡。
在亞洲地區，有人在咖啡裡添加優格，
有人在咖啡裡添加大量煉乳。
我也不喜歡苦味。
好可愛！
咦！這樣也行？
喝的人感到幸福才是正解！
咖啡是自由自在，隨心所欲的！

世界各國的特調咖啡

在濃縮咖啡的發源地義大利，幾乎每一個人每天都會喝上好幾杯濃縮咖啡，無論在家或在咖啡館。接下來為大家介紹義大利的美妙咖啡生活。

將濃縮咖啡淋在香草冰淇淋上的「阿法奇朵」，是義大利的招牌甜點。淋上一些利口酒，更具成熟大人味。

義大利是濃縮咖啡的發源地，一般家庭通常都備有直火式濃縮咖啡機「Macchinetta（摩卡壺）」，隨時都能享用濃縮咖啡。登錄於民宿仲介網站Airbnb的住宿地也幾乎都配備一台摩卡壺。

義大利人的早晨多半由可頌等酥皮麵包和卡布奇諾拉開序幕。邊和咖啡師交談邊來杯濃縮咖啡。午餐後前往酒吧，爽快地喝一杯再爽快地回家。晚餐結束後，再以一杯濃縮咖啡劃下句點。有人甚至會在最後的最後將濃縮咖啡加入義式白蘭地中飲用。

對義大利人來說，濃縮咖啡是生活的一部分，但其實任何一個國家也都有自己獨特的咖啡文化。

希臘是地中海國家，日照非常強烈，光靠冰咖啡還是無法消暑，因此希臘人習慣將砂糖、濃縮咖啡和冰塊一起放入攪拌機中攪拌，欣賞著蔚藍大海的同時，享用「希臘式濃縮冰咖啡（Freddo Espresso）」，別有一番與眾不同的風味。

至於亞洲的特調咖啡通常是即興發揮，無論調製或飲用都充滿樂趣。在韓國為了上傳「SNS」而特調的飲品也都相當受到歡迎，像是「400次咖啡（Dalgona coffee）」等等。而在熱帶地區的印尼，則有添加椰糖、牛奶、鮮奶油的特調咖啡「Kopi Susu」。加了冰塊的Kopi Susu是夏天人手一杯的消暑飲品，之後甚至成立專門品牌，人氣旺到連總統都親自登門拜訪。

另外，添加煉乳的「越式咖啡」也是又甜又好喝。

POINT

義大利人的生活中總是有濃縮咖啡相伴！

更多各式各樣的花式咖啡

韓國 400 次咖啡

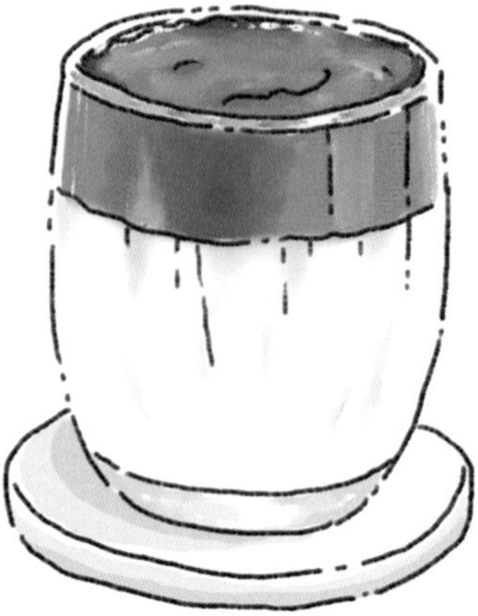

【材料（1 杯分量）】
即溶咖啡……適量
細砂糖……適量
水……適量
※ 上記 3 種材料的比例為 1：1：1
牛奶……適量

【作法】
❶將即溶咖啡、細砂糖、水混合在一起，像製作蛋白霜般混合攪拌均勻。
❷在玻璃杯中倒入牛奶，然後倒入①。

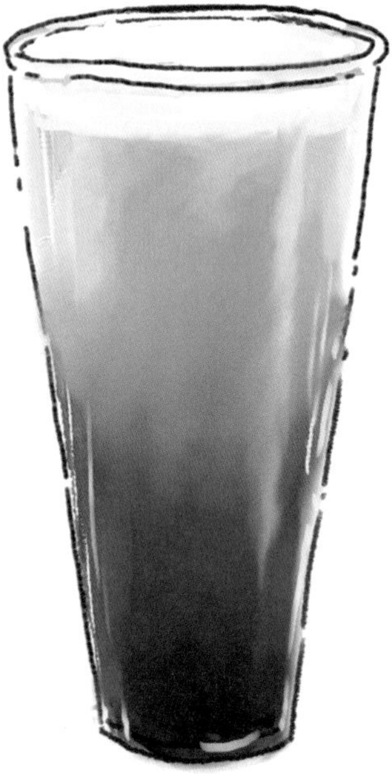

希臘 義式濃縮冰咖啡

【材料（1 杯分量）】
濃縮咖啡……雙份濃縮咖啡
冰塊……2 塊（攪拌時）
冰塊……2 塊（上桌時）
細砂糖……適量（依個人喜好）

【作法】
❶將濃縮咖啡和 2 塊冰塊放入果汁機或攪拌機中充分攪拌。
❷接著放入 2 塊冰塊和細砂糖。

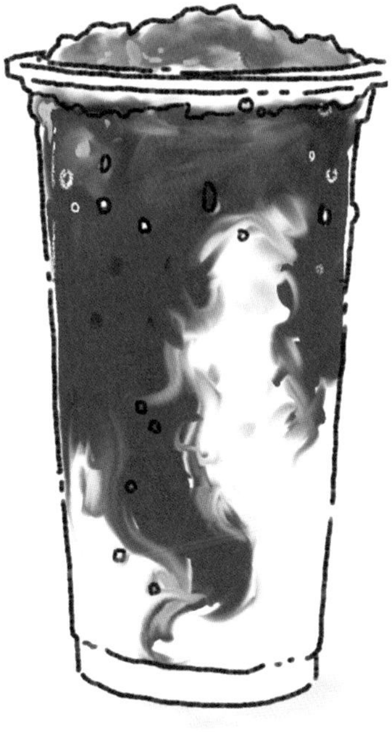

越式咖啡 優格咖啡

【材料（1 杯分量）】
含糖優格……90g
煉乳……30g
濃縮咖啡……單份濃縮咖啡
碎冰……150g

【作法】
❶將煉乳放入微波爐中加熱 10 秒左右。
❷將所有材料混合在一起。

印尼 Kopi Susu

【材料（1 杯分量）】
濃縮咖啡……單份濃縮咖啡
椰糖漿……20ml
牛奶……100ml
鮮奶油……25ml（依個人喜好）

【作法】
❶將鮮奶油以外的材料倒入果汁機或攪拌機中充分攪拌。
❷依個人喜好倒入鮮奶油。

享用添加甜味的咖啡

「黑咖啡至高無上」的說法實在太可惜了。其實添加砂糖等甜味劑，能夠讓咖啡的魅力瞬間加倍提升。無論砂糖或蜂蜜，請大家自由任意添加。

容易溶解非常方便

零熱量
減肥中也沒問題
0
カロリー

HONEY
推薦淺焙咖啡
搭配刺槐蜂蜜

大家可以嘗試使用蜂蜜、細砂糖或黑糖等甜味劑並進行比較。相信一定能夠找到自己最想要的「咖啡甜味」。

在精挑細選又精心手沖的咖啡裡添加砂糖？舉雙手贊成！

美味咖啡裡添加些許砂糖，味道會變得更有深度，更具層次感。相較於黑咖啡，由於中和了一些苦味和酸味，大家應該感覺得到口感變得滑順圓潤。

至於使用哪種砂糖，全憑個人喜好。

咖啡廳或咖啡館多半隨杯附上棒型砂糖。內含物為顆粒狀的「細砂糖」，純度高容易溶解，非常適合添加於咖啡中。「濃縮咖啡裡添加大量細砂糖，好比吃糖果般能品嚐到無法完全溶解於咖啡中的砂糖甜味」，這樣的好滋味還請大家務必嘗試看看。當然了，細砂糖也和滴濾式咖啡非常對味。

但居家沖煮咖啡的話，使用家裡常備的白砂糖就可以了。

減肥或限糖中的人，可以嘗試使用零熱量的「赤藻糖醇」等甜味劑。但赤藻糖醇具清涼感，喝起來會帶點特別的味道。將赤藻糖醇和「羅漢果」提煉的甜味劑混合在一起，也非常適合添加於咖啡裡，而且同樣都是零熱量。

除了顆粒狀的糖，也可以使用蜂蜜。蜂蜜種類多，其中刺槐蜂蜜是個不錯的選擇。蜂蜜的源頭來自花，因為帶有些許酸味，非常適合添加在充滿花香的淺焙咖啡裡。每種花和每種蜂蜜都有不同的味道和香氣，建議大家可以比較看看。

POINT

依個人喜好使用喜歡的甜味劑，自由享用美味咖啡。

推薦使用無調整．低溫殺菌的鮮奶

鮮奶種類五花八門，若要添加在咖啡裡，推薦依照成分無調整與低溫殺菌2個要點挑選鮮奶。喜歡喝黑咖啡的人，偶爾也嘗試一下添加鮮奶的溫醇咖啡吧。

推薦使用成分無調整且低溫殺菌的鮮奶。盡量選擇對牛隻充滿愛且用心的鮮奶品牌。

POINT

咖啡愛好者千萬別錯過 添加鮮奶的好滋味

咖啡和鮮奶其實非常速配。喜歡黑咖啡的人應該偶爾也想要來一杯添加鮮奶的咖啡吧？

添加牛奶的咖啡有拿鐵和咖啡歐蕾，這是眾所皆知，但多數人卻容易將兩者混淆在一起。首先，這兩者的基底咖啡不一樣，拿鐵使用的是濃縮咖啡，而咖啡歐蕾使用的滴濾式咖啡。

拿鐵和咖啡歐蕾要好喝，並非用心沖煮基底咖啡就好，添加在裡面的鮮奶也必須精挑細選。

鮮奶種類很多，有「成分調整鮮奶」、「低脂鮮奶」、「脫脂鮮奶」、「保久乳」等。

若要添加在咖啡裡，推薦大家使用「成分無調整鮮奶」。減肥中的人則可以選用脫脂鮮奶或低脂鮮奶，但基於和咖啡的契合度，「成分無調整鮮奶」才是最佳選擇。

另一方面，市售鮮奶幾乎都經過「均質化(homogenize)」的加工處理，但筆者也十分推薦使用「非均質化乳」，不僅味道較為濃郁，口感也十分特別。

另外一個要點也非常重要，那就是「殺菌處理」。

選用標示有「低溫殺菌」的鮮奶。各大鮮奶品牌都極其用心地照顧自家牛隻，也致力於製作沒有乳腥味的鮮奶，所以大家可以試著尋找符合自己口味的鮮奶。

品質好的鮮奶最大特色是沒有乳腥味，喝起來有些許甜味，但也絕對不會妨礙咖啡原有的風味。

在咖啡裡添加植物奶

基於環境和愛護動物的考量，愈來愈多人選擇使用牛隻（動物性）以外的豆子、堅果、穀類等植物製作而成的「植物基底牛奶」、「無乳植物奶」。這些植物奶的味道和品質非常好，完全不輸一般鮮奶。

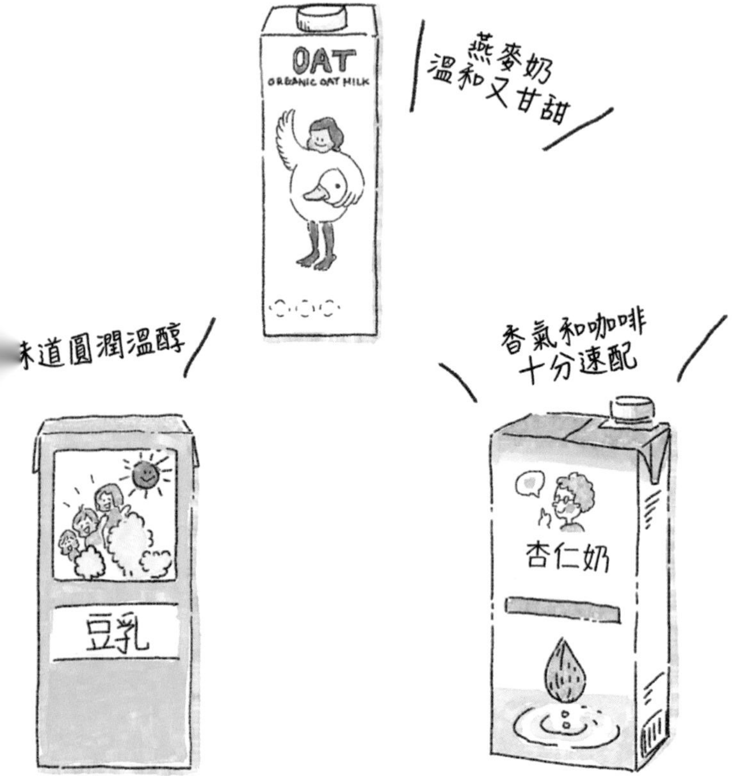

兼具健康效益，相當受到歡迎的植物奶。除豆漿、燕麥奶、杏仁奶之外，還有椰奶、夏威夷豆奶等。

「喜歡牛奶的味道，但喝不了」有這種情況的人其實還不少。因為這樣的關係，以豆子、堅果、穀類等植物為原料的牛奶才會逐漸興起。這些以植物為原料的牛奶通稱為「植物基底牛奶」或「無乳植物奶」。

過敏或體質問題、不吃動物類食材的素食主義者等等，每個人各有各的情況與需求，植物奶的出現對這些人來說是一大福音。除此之外，基於減輕環境負荷與愛護動物的觀點，植物奶也引起不少人關注。有些植物奶喝起來真的極為順口，大家有沒有意願嘗試一下呢？

首先是豆漿。對重視養生觀念的人來說，豆漿已經完全深入他們的生活中。咖啡館裡也常見使用豆漿調製的豆漿拿鐵（soy latte）。但最大的缺點是容易留下豆漿獨特的豆腥味和沙沙的口感。如果十分在意這個味道，可以多費點功夫將咖啡和豆漿一起蒸煮一下。

再來是最近常見於超市和超商的杏仁奶，少糖和少熱量這一點深受減肥人士喜愛，迷人的香氣和風味也是一大特色。

再來就是隱藏版絕品，燕麥奶。這是近來全世界最夯的植物奶，目前日本市面上的流通量還不多，但已經漸漸開始有咖啡專用的燕麥奶，由於主要原料為燕麥，所以具有清爽溫和的甜味，添加在咖啡裡格外速配。另一方面，滑順的口感也非常適合用於調製美味的拿鐵。

POINT

基於健康．愛好動物，可以選擇植物奶。

搭配咖啡的最佳食物

口中帶著甜食的餘韻再啜飲一口咖啡……。這一刻是讓人感到最放鬆的瞬間。搭配食物時稍微思考一下契合度，更美好的幸福會降臨在自己身上。

誠心向大家推薦咖啡 × 紅豆奶油吐司的組合。務必嘗試一下紅豆餡和咖啡的和諧滋味。

咖啡和食物的速配度

- ☑ 日式甜點…使用紅豆餡的「最中（MONAKA）」等和菓子
- ☑ 西式甜點…餅乾或蛋糕等
- ☑ 餐點…漢堡等

忙碌時一句「來沖杯咖啡吧」總是能讓人瞬間緩解緊張情緒。無論是一個人還是一群人，咖啡時光配上點心，真的再幸福不過。咖啡之所以萬能，在於一杯咖啡可以搭配任何食物，從肉汁四溢的漢堡等充滿飽足感的食物到甜而不膩的甜食都沒有問題。

如同尋找搭配紅酒的食物，摸索搭配咖啡的食物也是一種樂趣。

筆者在這裡向大家推薦塗抹大量奶油的餅乾。市面上有款動物造型的餅乾，長年來一直有相當不錯的銷售量。大家可別小看這款原是以小孩為主要對象的餅乾，咬一口餅乾再配一口咖啡，餘韻交織的幸福感瞬間登門拜訪。除了甜味，適中的鹹味和濃郁的奶油也搭配得恰到好處。餅乾和咖啡的契合度，真的美味到不可言喻。

> POINT
>
> **吃口甜食，喝口咖啡，**
> **讓二種味道的餘韻結合在一起。**

而說到奶油系列的甜點，筆者也極力推薦紅豆奶油吐司。將吐司烤到酥脆，抹上紅豆餡，再擺上一塊從冰箱取出的奶油就完成了。

大部分的人常說咖啡和餅乾、蛋糕等西式甜點很速配，但其實日式甜點中的「最中」才是最合拍的組合。「最中」餅皮纖細綿密的口感和濃郁的咖啡真的是一拍即合。據說西式甜點的達克瓦茲蛋糕，最初的構想便是來自於「最中」。福岡有一家非常有名的蛋糕店，店裡的達克瓦茲蛋糕真可謂是絕品。

不愛甜食的人可以嘗試搭配漢堡、炒麵麵包等較具有飽足感的食物。咖啡可以沖淡濃郁的油脂，讓口中的味道變清爽。適合搭配任何食物的咖啡，真的非常萬能！

與咖啡一起度過成人之夜

睡眠並非時間夠長就好，「品質」也非常重要。對無法消除疲勞的你來說，在一天即將結束前來杯無咖啡因咖啡，或許有助於提升睡眠品質。讓溫和的咖啡陪你一起入眠。

睡前一杯無咖啡因咖啡並不會對睡眠造成不良影響，不用在意時間，想喝時就來一杯。而添加牛奶的淡口味咖啡歐蕾，讓小孩喝一點也無妨。

若說到咖啡，一般大家最在意的應該是咖啡因吧。因具有提神醒腦和消除疲勞的效果，是多數人工作時最強而有力的幫手。但睡前喝咖啡的話，可就有點傷腦筋了。

另外，近年來「睡眠品質」備受關注，即便有足夠的睡眠時間，但睡眠品質差依舊無助於消除疲勞。據說大部分的人平均需要4～6小時才能將咖啡因代謝至原先的一半，這代表想要有良好的睡眠品質，最好睡前4～6小時不要再飲用咖啡。

……話雖如此，喜歡喝咖啡的人就是想要白天喝晚上也喝。

既然如此，該是無咖啡因咖啡出馬的時候了。隨著去除豆裡咖啡因的技術日臻完善，目前無咖啡因咖啡的味道和香氣已經完全不輸一般咖啡。建議喝了咖啡會睡不著的人，或者體質對咖啡因較為敏感的人，可以嘗試飲用無咖啡因咖啡。若隔天起床能有神清氣爽的感覺，代表自己或許適合無咖啡因咖啡吧。

另外，隨著技術發展，最近不再使用藥劑等化學物質，而是以天然方式去除咖啡因。

在不含咖啡因的咖啡裡添加溫牛奶，悠閒自在地度過一晚……這就是成人之夜的樂趣。溫熱飲品有助於慢慢提升體內深層體溫，具幫助入眠的效果。那麼，喝杯美味咖啡，祝你一夜好眠。

POINT

睡前喝無咖啡因咖啡也不用擔心。
沉浸濃郁香氣中更助一夜好眠。

讓咖啡生活更愉快

帶本書到附近的咖啡館，聽著喜歡的音樂，喝杯咖啡好好休息，咖啡就像這樣，是一種最適合用於打造自己專屬時光的好物。接下來為大家推薦一些適合搭配咖啡悠閒度過的音樂和書籍。

在任何一個時代裡，咖啡總會逐漸形成文化，成為人與人之間的交流媒介

自從16世紀鄂圖曼帝國支配葉門和衣索比亞後，咖啡一舉廣為流傳，在16世紀中葉時，第一家**咖啡屋**出現在首都伊斯坦堡，頓時成為各類人士從事社交活動的聚集地。

英國蔚為紅茶大國，但在17世紀時，**咖啡屋**也猶如雨後春筍般出現在倫敦各地。咖啡屋是當時市民交換情報、討論聚會的最佳社交場所，另外也是文化與政治據點，更是之後藝術家的聚集地。

咖啡傳入日本大約是江戶時代的事，由於處於鎖國時代，所以據說是當時出入貿易窗口**荷蘭商館**的口譯員和商人帶頭開始飲用咖啡。

進入**明治．大正時期**後，隨著咖啡廳四處林立，咖啡成了當

咖啡屋(coffee house)
店內也會提供輕食簡餐的咖啡館。
↓P66。

荷蘭商館
江戶時代位於長崎縣平戶，後來移至出島的荷蘭商館，是荷蘭東印度公司在日本開設的貿易據點。

時最時髦的飲品。而進入昭和時期後，咖啡廳更是興起一股大熱潮，據說當時有不少學生會相約前往咖啡廳，點杯咖啡就能聊上數小時。

透過這種方式，當咖啡與音樂、文化結合時，獨特的咖啡廳文化誕生了。

而這本書的作者井崎先生又過著什麼樣的咖啡生活呢？現在讓我們一起來了解井崎先生的推薦名單，什麼樣的書籍、戲劇、音樂最適合搭配美妙的咖啡時光。

BOOKS

——請告訴我們喝咖啡時適合閱讀什麼樣的書，又曾經有什麼好書帶給你啟發。

井崎　**《何でも見てやろう》**（河出書房新社）這本書帶給我深遠的影響，啟發我想要出國深造的念頭。這本書描述的是作者小田實先生（拿傅爾布萊特獎學金前往美國哈佛大學留學）行遍全世界的貧窮遊記。或許內容多少有些改編，但我真的沒想到竟然會有如此充滿生命力的日本人。即便是現在，我

明治．大正時期
在明治時期，有名的咖啡屋「新聞縱覽所」簡易餐飲店「MILK HALL」陸續成立。而日本第一家咖啡廳則是座落於東京．下谷黑門町的「可否茶館」。

《何でも見てやろう》
1961年出版的旅行遊記。拿傅爾布萊特獎學金前往美國哈佛大學留學的小田實先生，以最少的錢行遍歐美和亞洲共22個國家，並將一路上的體驗撰寫成遊記。作者小田實為一名小說家、文藝評論家。

還是偶爾會翻閱，回想起當時決定「我想要靠咖啡維生」的澎湃心情。

除此之外，高橋和巳的《邪宗門》（河出書房新社）雖然是部鮮為人知的名作，但也是我的愛書之一。內容講述某新興宗教受到鎮壓而滅亡的故事，由於實在過於沉重，若沒有咖啡相伴，恐怕很難看完。

——這些書似乎有些艱澀，是否推薦一些比較能夠輕鬆閱讀的作品。

井崎 喜歡咖啡的人應該也會喜歡美國電視連續劇『**雙峰**（Twin Peaks）』。除了劇情相當有趣外，劇中也經常有喝咖啡的鏡頭，總是讓人看得目不轉睛。劇中人物喝咖啡時都會搭配甜甜圈或櫻桃派，非常具有美式風格。而且劇中也經常會出現

▲與來自全世界的夥伴並肩留影於衣索比亞的「Mother Coffee Tree」樹下，再次深刻感受咖啡的美好。

『雙峰』
雙峰是一齣播放於1990～1991年、2017年的美國電視劇，屬於超常現象與解謎的懸疑推理劇，全部看完可能需要花上24小時。導演為大衛・林奇與馬克・福斯特。

「A cup of joe」這麼一句台詞。直到朋友告訴我，我才知道這原來是「來杯咖啡」的意思。雖然不是刻意，但自己的兒子也取名為「Joe」，所以多了一份親切感。

——查閱咖啡相關資料時，發現咖啡似乎也與環境、人權問題有關。若想了解這些相關資訊，是否推薦什麼書籍？

井崎　在咖啡業界裡，有很多人高度重視環境問題與人權問題。如果想要深入了解這些相關知識，推薦大家閱讀**《コーヒーで読み解くSDGs》**（白楊社股份有限公司）。基於對咖啡的興趣而想進一步學習SDGs（永續發展目標）的話，這本書是最佳入門書。

《コーヒーで読み解くSDGs》

SDGs是聯合國在2015年提出的「永續發展目標（Sustainable Development Goals）」，訂立廣泛的目標以解決地球環境與貧富差距擴大等問題。這本書由大學教授暨原國際NGO職員川島良彰先生等人撰寫，透過咖啡解析SDGs，也透過咖啡論述對SDGs有所貢獻的方法。

——音樂方面呢？

井崎　我常聽龐克音樂，也很喜歡藍調和爵士等黑人音樂。尤其是暱稱書包嘴大叔的**路易斯．阿姆斯壯**（Louis Armstrong）。他的音樂充滿豐富的情感，非常適合搭配濃郁的深焙咖啡。比起古典音樂，我個人偏好稍微冷門的黑人音樂。邊喝咖啡邊聽著美妙的音樂，希望大家也能對咖啡產業和人權問題多點關心。

重新回顧生活型態，享受毫無虛假誇飾的咖啡生活

自從新冠肺炎疫情蔓延至全世界以來，人們的生活型態與價值觀徹底改變。無法外出和外食的情況下，能夠擁有可以全心投入的興趣，這樣的人真的非常厲害。

除此之外，也有愈來愈多的人意識到日常幸福的可貴與累積小確幸的重要性。

聽著喜歡的音樂，在打掃乾淨的房間裡看書，再來杯美味的咖

路易斯．阿姆斯壯(Louis Armstrong)

足以代表20世紀的美國爵士音樂小號演奏家暨歌手。暱稱書包嘴大叔，是擬聲唱法的創始人。

啡，這真的是再幸福不過了。喜歡喝咖啡，在城市裡探索符合自己感覺的咖啡館也會變成一種樂趣。在保溫杯裡放入咖啡包和熱水，帶著咖啡出門散步或踏青，再嘗試挑戰**手工烘焙咖啡豆**，相信這些都會讓你的生活變得更加精彩。

如何擴展自己的世界，全取決於自己的決定！

手工烘焙咖啡豆

關於在家烘焙咖啡豆，大家最熟悉的應該是在瓦斯爐上擺放爐架（鐵製輪狀爐架），然後以中式炒鍋烘焙的方法。量少的情況，也可以使用煎炒茶葉、豆子等的平底沙鍋「焙烙」或鑄鐵平底鍋烘焙咖啡豆。

更多咖啡相關知識致求知慾旺盛的人

■關於學習咖啡大小事

對咖啡產生興趣，想要更進一步學習時，可以透過自學，也可以選擇進入專門學校或一般培育養成學校就讀。另外，有些學校提供線上課程或函授課程讓白天必須上學、上班的人利用晚上時間自行學習。

在設有烘焙或咖啡館經營課程的專門學校裡，既能夠學習專門技術和知識，也可以透過實際操作學校購買的數千萬日圓機器以磨鍊自己的技術。

在我擔任共同負責人的「Barista Hustle Japan」裡，我們提供線上教育平台，不僅深受全世界4萬多名專業咖啡師喜愛，更於2018年完成日語翻譯版。想要從事咖啡相關行業的人，可以嘗試先在咖啡館、餐廳或咖啡專賣店等工作以累積經驗。工作期間既能領到薪水，同時也能學到許多餐飲相關知識。

當然了，若沒有要專精到非常專業且正統，也可以參加在咖啡館裡學習一整天或數次就結業的短期工作坊。

■何謂咖啡師

擁有咖啡相關知識和技術，在酒吧前台工作的人，稱為咖啡師。酒吧是類似日本咖啡館的店家，咖啡師提供咖啡和酒精飲料給客人。除了遞送餐飲給客人，也得處理客人點餐、收銀等服務客人的工作。另外也提供用奶泡在卡布奇諾上拉花的「拿鐵藝術」服務。

■如何成為咖啡師

成為咖啡師的方法並沒有硬性規定。可以前往有專業咖啡師的店家、願意熱心培育咖啡師的店家，工作的同時學習如何成為一名咖啡師。沒有特別需要什麼資格。

■何謂日本咖啡師大賽（JBC）？

以咖啡師為對象，進行技術等綜合項目競賽的比賽。日本在地所主辦的比賽稱為「日本咖啡師大賽（JBC）」。

每位參賽者必須在規定時間內調製3種以濃縮咖啡為基底的咖啡。首先是「濃縮咖啡」，其次是「牛奶飲品」，最後是不含酒精，名為「私房咖啡」的創意咖啡。除了口感風味外，同時也針對展演能力和製作技巧進行評分。

■何謂世界咖啡師大賽（WBC）？

世界等級的咖啡師大賽則稱為世界咖啡師大賽，於日本咖啡師大賽中獲得優勝的人可以代表日本參加世界咖啡師大賽（WBC）。

世界咖啡師大賽的比賽規則同日本舉辦的日本咖啡師大賽，近年來有不少日本人在世界大賽中取得好成績。

卷末特輯

了解井崎英典 3個 Q&A

Q 井崎英典是個什麼樣的人？

A 曾經榮獲世界第一頭銜的咖啡大師

以就讀法政大學國際文化學部為契機，進入「丸山咖啡股份有限公司」就職。

具備接觸精品級咖啡所培育出來的素養，在學生時期便已於2012年榮獲最年少的日本咖啡師大賽冠軍，並於完成二連霸後，在2014年的世界咖啡師大賽中成為亞洲首位世界冠軍。

2019年獨立創業，成立QAHWA股份有限公司，在新冠肺炎疫情蔓延之前，以公司董事長的身分活躍於國外，每天過著既忙碌又充實的生活。

自2020年起開始投注心力於日本國內事業，並於2021年基於自身體驗創立「#ヤバいデカフェ」，在SNS成為熱烈討論的話題。

Q 從事什麼樣的工作？

A 咖啡相關的諮詢顧問工作

我的工作包含知名連鎖漢堡店的咖啡監製、以歐洲和亞洲為中心的咖啡相關機器之研究開發、根據各種不同的產業，從商品開發到市場行銷，給予諮詢者全面性的建議。最近也多了NHK綜合頻道『逆轉人生』、BS日視『バカリズムの大人のたしなみズム』等電視節目和廣播節目的演出工作，或許已經有不少人曾經在電視上看過我。

Q QAHWA 是個什麼樣的公司？

A 處理跟咖啡有關的任何大小業務！

我們主要以歐洲和亞洲為中心，從事各式各樣與咖啡有關的事業。業務內容包含咖啡相關機器的研究開發、小規模店家到連鎖店的市場行銷與各項諮詢等等。

公司的形象標語是「Brew Peace」，意思是「沖煮和平」。致力於跨國活動，希望能夠製造更多邂逅咖啡與人的美好機會，期望以咖啡的力量實現世界和平。

【DATA】QAHWA（カフア）https://qahwa.co.jp

結語

長年以來，咖啡店裡總是人來人往，與朋友．親人話家常的時間、悠閒消磨時間的人、帶著各種情緒前來造訪的人。

然而新冠肺炎的出現，卻如此突如其來地奪走人類最愛的「咖啡時光」。

因為這樣的關係，我給我自己的任務是「製造美好的咖啡時光」。

除了擔任有名漢堡連鎖店、國外咖啡連鎖店的諮詢顧問，也積極跨界合作，與甜點、飲食，甚至服飾、汽車、藝術等乍看之下和咖啡毫不相關的領域共同開創全新商業模式，持續打造能夠讓更多人「呼——」鬆口氣好好休息的時間。

在這之前，我總認為「喝咖啡就是享受咖啡時光」，但自從使用ZOOM舉辦雲端咖啡館「#BrewHome」、透過各種媒體傳遞美味咖啡的豐富生活以來，我慢慢覺得「其實手沖咖啡這個行為本身就是享受咖啡時光」。

房間裡充滿咖啡豆的芬芳香氣，磨豆機喀啦喀啦磨豆的振動聲，迴響於安靜屋裡的滴濾聲響……

「沖煮咖啡」這個行為直接作用於我們的五感。我認為就某種意義來說，似乎有點類似正念的感覺，同時也包含近似茶道和花道的「要素」。

講了一些無關緊要又艱深的話題，但我之所以想出版一本以「減少甚至消除手沖咖啡的障礙物」為概念的書，正是因為我認為手沖咖啡這個行為本身就具有放鬆身心的效果。而且我由衷期盼大家能悠閒度過讓身心徹底休息的美好咖啡時光。

誠心希望大家能以這本書作為起頭，進一步挑戰「自己沖煮咖啡」。

期許未來有個讓咖啡「Brew Peace」的世界。

井崎英典

TITLE

冠軍咖啡師　手沖咖啡哲學

STAFF

出版	瑞昇文化事業股份有限公司
作者	井崎英典
譯者	龔亭芬
總編輯	郭湘齡
文字編輯	張聿雯
美術編輯	許菩真
封面設計	許菩真
排版	朱哲宏
製版	明宏彩色照相製版有限公司
印刷	龍岡數位文化股份有限公司
法律顧問	立勤國際法律事務所　黃沛聲律師
戶名	瑞昇文化事業股份有限公司
劃撥帳號	19598343
地址	新北市中和區景平路464巷2弄1-4號
電話	(02)2945-3191
傳真	(02)2945-3190
網址	www.rising-books.com.tw
Mail	deepblue@rising-books.com.tw
初版日期	2022年11月
定價	450元

ORIGINAL JAPANESE EDITION STAFF

装丁	krran
イラスト	齊藤 詠（うた）
本文デザイン・DTP	風間佳子
企画協力	広田 聡（QAHWA）
構成・編集	木村悦子（ミトシロ書房）、田中早紀（宝島社）

國家圖書館出版品預行編目資料

冠軍咖啡師 手沖咖啡哲學 = Coffee first text book/井崎英典作；龔亭芬譯. -- 初版. -- 新北市：瑞昇文化事業股份有限公司, 2022.10
160面；14.8 X 21公分
譯自：世界一のバリスタが書いた コーヒー1年生の本
ISBN 978-986-401-582-5(平裝)

1.CST: 咖啡

427.42　　111014730